迪士尼、英特爾……頂尖企業都在用的成功聲音行銷術

聽著聽著 就買了

目錄
contents

目錄
contents

前奏

我曾在紐約的「茱莉亞音樂學院」（The Juilliard School of Music）學習樂器演奏，但現在已經從一名「古典音樂」的演奏者，轉型為探索聲音之人。之所以會有這樣的轉變，源自我意識到，音樂不單單只是「紙上的符號（音符）」而已。

例如，在音符上方標註的「・」為斷奏（Staccato）符號，它的意思是「短促地演奏」，然而雖然說是「短促地演奏」，但實際上該如何表現，卻存在著各種不同的形式。

像金屬搗棒（Muddler）碰到玻璃酒杯口時發出的「鏘！」、敲打木魚所發出的聲音、用槌子撞擊吊鐘的聲音、水滴落入一灘積水時的聲音等，全部都可稱為「短促的聲音」。

我在茱莉亞音樂學院學習時，教授曾指導我針對演奏樂曲的樂譜，進行更為深入的「讀譜」，而這讓我對於每一個出現在「紙上的符號」，它們是作者為了呈現什麼樣的聲音而被標註出來的這件事，進行了徹底的思考。就拿前面的斷奏來舉例，作曲家有意呈現出來的是什麼樣的「短促聲音」，都是我必須深入探究和思考的事情。

不論是風吹拂過樹木的聲音、鳥兒的鳴叫、波濤洶湧的海浪聲、人們的談話聲以及孩童的笑語等，所有音樂的基礎，都來自我們日常中聽到的各種「聲音」。但在作曲家創作的樂譜中，並沒有表現出這些聲音。被創作出來的樂譜，因為是透過有限的符號來傳達作曲家的想法，因此理所當然地存在著限制。

實際上我們所聽到的音樂，與其說是打印在樂譜上的符號，更可視為是由遠遠超過我們想像的萬千訊息所構成的。

而所謂的演奏，就是由演奏者去抓出這些訊息之後所做出的表演。

當意識到這件事之後，我開始認真地去解讀那些被埋藏在樂譜之中，各個作曲家們想要傳達出來的想法。

與此同時，我變得會豎起耳朵，去傾聽那些每天充斥在我們的日常生活中，原本已習以為常的「聲音」。

在學生時代，每年的暑假回到日本後，朋友們都會帶我上館子，在餐廳裡我聽到了煎漢堡排發出的「滋－滋－」聲。而當漢堡排端到我面前時，還會淋上醬汁來收尾，此時會發出更大的「滋－滋－」聲。

就算現在坐在電腦前，我還是能回想起那個聲音，以及漢堡排的美味，和當時心中那種充滿期待的感覺，好想再去那兒打打牙祭喔！

雖然有點偏題了，但透過這些存在於日常生活中，不容易被注意到的各種聲音，確實能增進我們認識事物的感受和深度。

也不知道是幸還是不幸，紐約的曼哈頓是一個不夜城，也因此成為了我探索聲音的一個絕佳環境。

因為我對聲音越來越感興趣，於是在結束了學生時期的研究後，就進入恩師R. Abramson博士所領導的聲音表現研究室中，繼續從事相關的研究。在這裡我得到許多向不同民間企業提供以聲音媒介進行市場行銷，以及有關經營策略、飲食感覺機能、空間聲音、營造職場環境（提高生產效率，減輕壓力）等方面的諮詢機會。此外，也針對政府機構該如何策略性地運用聲音表現（Sound Expression）進行了分析。

聲音，是我們在日常生活中，不論處於何種情況下，都不會缺席的元素。對聲音的探索更可以說是一場沒有終點的旅程，才剛解決了一個問題，另一個課題又接踵而至，不斷循環反覆。

在長途飛行過程中吃到的洋芋片讓人感到特別美味，不過鄰座在觀看的武打電影，因為我們聽不到聲音，所以總覺得少了點樂趣；逛雜貨店時，無意間買了一堆原本自己根本沒打算購入的東西；好不容易造訪了心儀已久的餐廳，可是待在裡頭卻覺得渾身不對勁，最後趕緊落跑；而不經意挑中的館子，卻讓人備感舒適，久久不想離開。

前述這些案例背後，其實無不和「聲音」有關係。

我們個人的情感、記憶和行為，都和那些沒有被注意到的「聲音」，有著千絲萬縷的關聯。從大家還在媽媽的肚子裡一直到今天，我們的體內已經累積了大量的聲音記憶（Sound Memory）。

如果能試著去聆聽自己身邊的「聲音」，你一定會發現，平日被我們忽視的「聲音」，其實具有強大的威力喔！

現在這個瞬間，大家是不是也聽到了什麼「聲音」呢？

希望能以本書為契機，帶大家一同見識「聲音的力量」（Sound Power）。

第1章——為什麼聲音如此具有力量？

各位讀者，當你們聽到「聲音」這個語彙時，腦中會浮現出什麼呢？

在東京時，我也問了來聽我演講的聽眾們這個問題，而得到最多的答案是「音樂」。其次是鋼琴、小號和鼓等樂器發出的聲音，最後則是歌聲。總的來說，這些都是「音樂」。或許是因為受到「音」這個漢字的影響，日本人似乎很容易出現「音＝音樂」這種想法。

但**在英語中，聲音是SOUND，音樂是MUSIC，兩者其實是有區別的**。而本書想要傳達給讀者們的是SOUND，亦即「聲音」的力量。

在這裡，讓我們暫且放下心中的成見，試著認真傾聽一下自己周圍的聲音吧！

不知道大家都聽到了什麼呢？

人們的說話聲、汽車和火車等交通工具發出的聲音、讓樹枝搖動的風聲、打在身上的雨聲、讓人愉悅的鳥叫聲、歌聲、救護車的鳴笛聲、空調裡葉片發出的聲音、打柏青哥的聲音、影印機的運轉聲、堆疊餐具時發出的聲音、做菜時的聲音、鄰居的咳嗽聲、翻動書頁的聲音、腳步聲、咀嚼聲……

只要擺脫了「音＝音樂」的束縛，大家是不是突然發現，原來在我們身邊，竟然存在著這麼多的「聲音」呢！

沒錯，「聲音」和我們的生活之間的確存在著緊密的關聯。正因如此，要是我們可以活用「聲音」的話，就能使其成為我們的「祕密武器」！

聲音的力量——「Sound Power」。

歡迎大家翻開本書，一起進入聲音力量的世界吧！

接下來，我將帶領各位讀者一起揭開聲音力量的面紗。

「聲音」裡蘊藏了大量的訊息！

「聲音」雖然無法用肉眼看到，也沒有具體的形狀，但卻能傳遞給我們大量的訊息。接著就來介紹聲音幾項具代表性的特點！

【音色、音階】

- 先是大家再熟悉不過，使用Do Re Mi的組合來演奏的音樂。我們可以從「聲音」中，分辨出音色和音階。
- 藉由音色，我們可以知道這是誰的聲音，還能推測對方的性別以及年齡。

【距離、方向、動作】

●鳴笛聲大作的救護車，正從遠處朝我們靠近，接著又再度駛向遠方。透過「聲音」，人們可以知道眼睛看不到、但確實存在的某個物體的「方向」，以及我們和該物體之間的「距離」。

●在地下鐵的月台上聽到背後有腳步聲時，「聲音」會讓我們知道有人在後方，而且還會告訴我們，這個人是在右側還是左側，他的腳步是否急促等。人們能藉由「聲音」，來察覺眼睛所看不到的他人行為。

另外，我們還能把從「聲音」中得到的資訊加以組合，以獲得更為細微的訊息，並從中喚起個人的記憶和情感，再和多種不同的行為產生連結。接著來看一些例子。

【遠離危險】

●當我們走在路上時，會聽到汽車的引擎聲和喇叭聲。透過「聲音」，我們可以迅速地察覺到車子是從哪個方向過來，以多快的速度接近我們，並感知到危險性。

【狀態的變化】

● 在忙碌的早晨，我們為了沖上一杯好茶來喝，得用煮水壺來燒水。而煮水壺發出的「咻－咻－」聲，則提醒我們水已經煮沸了。

【情感與推測】

● 反覆來回拍打岸邊的潮水，透過它的「聲音」讓我們感到「身心舒暢」。

● 我們並不會從愛人話語的「內容」中讀出「感情」，而是從「聲音」中。

從聽覺獲得的資訊，能比視覺快上兩倍速度傳到大腦！

不用說大家都知道，聲音是透過「視覺、聽覺、觸覺、味覺、嗅覺」，這五種感覺中的聽覺來接收的。

在這五感中，我們最為仰賴的應該莫過於視覺了。一般來說，從視覺得到的訊息量遠遠超過了聽覺，但在**對於刺激所做出的反應速度**這一點上，聽覺卻比視覺來得更加優異。

由視覺傳送的刺激，抵達大腦的時間約為二十至四十毫秒，但「聲音」卻只要八至十毫秒就夠了[1]。有研究報告指出，**人們對於聽覺資訊的反應速度，比視覺快了兩倍以上**。

我們以田徑比賽為例來看看吧！

一般來說，起跑速度是影響百米賽跑成績的關鍵。也就是說，當選手們聽到「砰！」這個聲音的瞬間，能以多快的速度做出反應至為重要。

二〇〇九年，田徑選手尤塞恩．博爾特（Usain Bolt）以九秒五八的成績，締造了世界百米賽跑的新紀錄。起跑時，博爾特選手的反應時間竟然只有「零點一四六秒」。若把刺激抵達腦部，接著驅使肌肉動作的時間也算進去，博爾特選手可說是把人類對刺激所做出的反應時間，縮短到了極致。

假設比賽時所採用的是視覺信號，例如「揮舞旗幟」、「變換信號燈顏色」，那麼會發生什麼事呢？如果真是如此的話，選手們從對信號做出反應，到真正起跑所花的時間，應該會大幅增加。

處理訊息的速度差異，還能用影格數來表示。

視覺的訊息處理速度，一秒鐘約為二十五格（四十毫秒一格）。順帶一提，電影的膠卷一秒鐘為二十四格，迪士尼的動畫片一秒鐘也為二十四格。

相對的，因為聽覺一秒鐘約為兩百格（五毫秒一格），所以在訊息處理的速度上，能比視覺快上八倍。

聽覺全方位監控，一天二十四小時不間斷

除了反應速度外，聽覺還有其他勝過視覺之處。和視覺不同的是，聽覺可以**二十四小時完全不用休息，持續為我們接收訊息**。而眼睛除了眨眼之外，只要一闔上眼皮，就會立即喪失接收訊息的能力。

進一步來說，因為人的兩個耳朵分別位於頭部的左右兩側，所以**能讓人們上下、左右、前後全方位地監聽「聲音」**。如此一來，就算在我們就寢時，還是能感知到「聲音」，當一察覺到有危險存在時，便可以達到催促人們起身的作用。

如果能用上述的觀點來看待「聲音的力量」，我們會發現，原來可以

活用聲音的機會，就充斥在身邊各個角落。而且實際上，聲音也早已被應用於不同的場域之中。或許只是我們在日常中沒有意識到，但其實在許多場合裡，每個人無不深受聲音的影響。

從下一章開始，將首先為各位介紹「聲音的力量」，是如何應用於當代的社會。

第 2 章

聲音力量於當代社會中的應用

「聲音」具有能提昇商業利益的力量，其重要性也在近年來備受美國、加拿大和歐洲等地的各大企業重視。不過，聲音的影響力並不侷限於商業，目前也開始將其活用在教育、醫療和政治等諸多領域中。

接著就來舉幾個具體的例子吧！

「低調的」廣告在美國締造出驚人銷售成績的祕密

有一則口香糖的電視廣告，可作為成功運用聲音力量的完美案例。

在火車靠窗的位子上，父親和年幼的女兒相對而坐，爸爸嘴裡正嚼著口香糖。接著他把口香糖的包裝紙摺成一隻紙鶴，女兒將其捧在手中。畫面在平靜又簡潔的背景音樂旋律中，帶出了以紙鶴為核心，關於這個女孩的成長故事。

不管在女兒的生日、雨天、下雪天或晴天，父親總是會不時悄悄地摺紙鶴送給女兒。隨著時光流逝，女兒長大了，準備離開父母身邊、離開家裡。

當父親幫女兒把行李搬到車上時，堆疊在一起的箱子因為沒有放平穩，一個小盒子摔到了地上。沒想到從這個盒子裡散出一地的，竟是滿滿的紙鶴。父親拾起這些紙鶴，回想起女兒成長的過程中與自己的回憶。

這則廣告一直到這個時候，才加入旁白「Sometimes little things, last the longest……（有時候，一些小事最能讓人回味無窮……）」。

廣告的最後一幕，以綠色的背景配上白色的「give Extra GET extra」文字和商品名的旁白收尾。

※這則廣告可以在YouTube上搜尋「extra gum father daughter commercial」來瀏覽（最後確認日期二〇二一年二月）。

在這則約一分多鐘的廣告裡，**商品包裝出現的次數，包含最後的旁白畫面在內，僅有三次而已**。而且旁白還是在廣告剩下最後幾秒鐘時才加入。這則「低調的」廣告，獲得了巨大的成功。

這支廣告播出之後，在全美國無糖口香糖的市場銷售總額二十五億五千萬美元中，這間公司竟然佔了其中的四點五億美元（見下頁表格）。口香糖原本是一個很難做出差隔性，屬於高度競爭的市場，但Extra竟創造出了銷售額第一的成績。

事實上，**廣告中的一切都是經過精密計算的**，採取的是具有再現性效應的策略，且重點並不在於影像，而是聲音。

若從聲音的角度來看這則廣告的特殊之處，可以歸納出以下幾點：

- 廣告從一開始，就不使用會讓觀眾的情緒產生起伏的音樂
- 採用簡單的聲音和旋律
- 不讓公司的名稱立刻亮相
- 影片中間不加入旁白和台詞
- 配合父女的成長，音樂的速度逐漸加快
- 台詞只出現在廣告最後的旁白裡
- 讓父女之間溫馨的親情和商品的名稱產生連結（「Extra」口香糖可以為消費者帶來「Extra（特別的）」回憶）

口香糖廠商

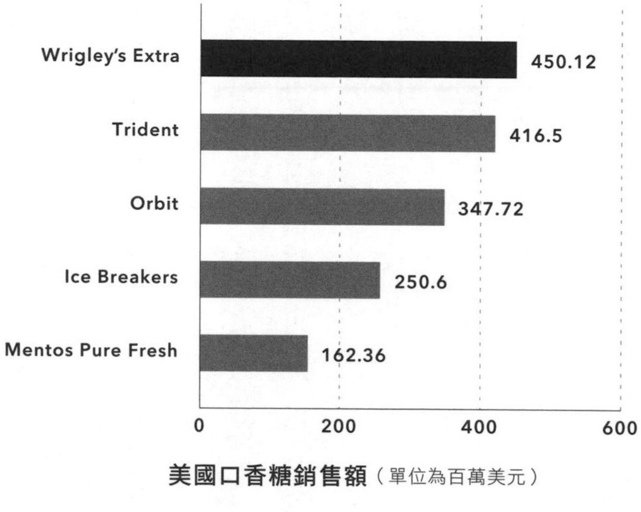
Wrigley's Extra
Trident
Orbit
Ice Breakers
Mentos Pure Fresh
450.12
416.5
347.72
250.6
162.36
0
200
400
600
美國口香糖銷售額（單位為百萬美元）

接下來，讓我們從廣告中不同的畫面，來認識聲音所帶來的效果吧！

在車窗邊親子對坐的這一幕裡，背景的音樂與其說充滿律動感，其實更接近舒適的慢節奏，聲音從Ra（A4，同NHK台報時的聲音）往So（G4）和Fa（F4）下降。**下降的旋律，能讓人產生時光回溯的感覺**，而這麼做就是為了將觀眾帶入這對父女的回憶。

接著來到女兒過生日這一幕，背景播放著穩定而簡單的BGM。隨著節拍逐漸增快，音量也開始上升，**表現出女兒的成長**。

時光流逝，女兒離開父母身邊、踏出家門的日子還是到了。在觀眾們看到了故事最高潮的一幕後，過了一會兒，音樂的曲調才來到最高點，然後在這個時間點才出現「Sometimes little things, last the longest……」的旁白。

此時觀眾們**開始再次回想起這個女孩的成長故事**。從盒中散出的紙鶴（用口香糖的包裝紙這種一點都不特別的紙所摺成的）充滿了父愛，而女兒好好地將紙鶴保存下來的情感，無不引發人們的共鳴。

當觀眾沉浸在廣告創造出的氛圍時，旁白的「Last Longest（回味無窮）」這段話，**將深深地烙印在人們的記憶中**。

下一次當消費者在便利商店看到「Extra」的包裝時，就會回想起這一則廣告的內容，與之產生共鳴。

同時，「Last Longest（回味無窮）」還會讓人聯想到「口香糖的味道能長時間維持」，進而提高消費者購買該產品的機率。

總結來說，觀眾們藉由這則廣告中的聲音，感受到溫暖的情緒，並經歷了一次特別的品牌體驗。

一般認為，「顧客的消費行為中，對品牌產生忠誠的核心為情感。**在影響顧客做出決定的因素裡，有百分之七十是情緒性的**，其餘的百分之三十才由理性做主」。

由上述內容可知，過去主打某樣商品的特色、優點、名稱和品牌的廣告方式，其實不過是把重點放在會影響消費者做出決定之因素的百分之三十，而未把握住其餘的百分之七十。

只是改變了ＢＧＭ，
竟然讓超市的業績提升了百分之三十二！

各位讀者是否想得起來，自己經常光顧的超市、百貨公司、大型商場等地方，它們的ＢＧＭ都在播放些什麼呢？或許有些人甚至不記得這些地方有ＢＧＭ這件事。

我們都已經太習慣商業空間裡有ＢＧＭ了，因此幾乎都不會認真地去聆聽。ＢＧＭ是「background music」（背景音樂）的縮寫，實在是很貼切的表現。

然而，雖然一般人並沒有花心思去注意賣場裡的聲音，**不過業者們為了提高消費者的購買意願，在運用聲音這件事上卻下足了工夫。**

大家覺得，是快節奏（Up Tempo）還是慢節奏（Slow Tempo）的BGM，比較能夠提高超市的業績呢？

或許有人會想，快節奏的音樂能使人振奮，應該比較能刺激消費者的購買意願吧！然而在紐約的超市進行的「音樂速度對來店顧客的購買行為所產生之影響」調查中[2]，卻得出了完全相反的結果。

根據調查顯示，在賣場播放快節奏的背景音樂，會使顧客加快在店裡的步行速度。因為消費者會盡快走向要購買的商品那一區，因而大幅降低了他們去看看其他商品的機會，進而造成業績的損失。

另一方面，播放慢節奏的音樂則會得到相反的效果。消費者在這種環境中，不會直接走向想購買的商品，而是在享受賣場氣氛的同時，也瀏覽一下其他商品的貨架，最後購買了更多的東西。

某間超市把播放慢節奏背景音樂當天的銷售業績，拿來和播放快節奏音樂的日子比較後，**發現「銷售額增加了百分之三十二」**。

有一段時間，諸如菲瑞・威廉斯（Pharrell Williams）的〈Happy〉、泰勒絲（Taylor Swift）的〈Shake It Off〉等深受各年齡層喜愛的流行歌曲，無不在許多地方強力播放。

雖然這些歌手的曲子很受歡迎，但因為節奏很快，所以一樣加快了人們的步行速度。**快節奏的音樂儘管能使人精神昂揚，可是卻也會讓人們越走越快，造成視野縮小。**

這是在使用快節奏的音樂時，必須特別注意的地方。

一曲〈向星星許願〉，帶你進入迪士尼的夢幻世界

〈向星星許願〉（When You Wish Upon A Star）這首歌，是迪士尼的企業形象音樂（呈現企業理念和理想的音樂。詳細內容請見本書第五章）。**當人們聽到這首歌的旋律時，彷彿有種脫離現實世界，進入夢幻國度的感覺**。

接著讓我們一同來分析這首曲子的旋律，解開其中蘊含的巧妙策略吧！

首先，這首曲子在剛開始的時候，「聲音」以一個八度左右跳升。以此作為開場，能使聽者的心理產生**「雄偉、壯闊、堅實、強大、穩定、充滿力量、英雄氣概、勇氣」**的感覺[3]。

此外，音樂有分讓人們感到明快的大調（Major Key），以及使人感到陰鬱的小調（Minor Key）。而這首〈向星星許願〉裡使用的是大調，它能讓人產生**「光明、歡樂、和平、夢想、幸福」**的感覺。

節拍（Beat）則可以分為偶數和奇數兩種類型，〈向星星許願〉為偶數四拍的曲子。我們人類用兩隻腳來走路，亦即以偶數「一、二、一、二」的拍子來行走。而四拍子本身也含有前進的意思，如果再配合一個八度音的跳躍以及大調的話，就能創造出**「活潑、躍動」**的形象。

進一步來說，聲音的節奏如果是五十八BPM（BPM為Beats Per Minute的縮寫，指的是每分鐘多少拍）的話，就和人類的平均心律幾乎相同，而與心律一致的節奏，能給人帶來**「沉著、穩重、安心、和平」**的感覺。

這裡再補充一點，〈向星星許願〉的原曲為C大調（由Do Re Mi Fa So組成），但在實際演奏時，呈現出來的曲調比原曲高了半音。這樣的調整能讓聽眾產生「為之一振」的感覺。

由音樂創造出來的形象，和一般大眾原本對迪士尼所抱有的觀感相互融合之後，自然讓大家接收到**「從現實的世界，進入夢幻的國度（迪士尼的世界）」**這樣的訊息。

可以說，藉由這首長度約三十秒的企業形象音樂，創造出了一個讓聽者與華特．迪士尼（Walt Disney）的理念和理想在情感上的連結。

當然了，這些也是經過精密計算所得到的結果。

〈向星星許願〉是一九四〇年，迪士尼動畫電影《木偶奇遇記》的主題曲。《木偶奇遇記》問世後，華特．迪士尼陸續創作出《白雪公主》和《小鹿斑比》等名作，同時也孕育出更多膾炙人口的主題曲和插曲。

迪士尼樂園中，「小小世界」設施的主題曲〈小小世界〉（It's a Small World），也是另一首源自於迪士尼，且讓全世界的人都耳熟能詳的歌曲。

由上述內容我們可以推測，要打造出一首全新的企業形象音樂，對華特·迪士尼來說，應該不是一件難事。

儘管如此，雀屏中選的卻是〈向星星許願〉。理由正如前面的說明，在〈向星星許願〉這首歌中，蘊含了大量華特·迪士尼想傳遞出去的聲音表現（Sound Expression）。

隱藏在「向星星許願」旋律中的訊息

種類	內容	信息
旋律剛出現時	聲音跳升一個八度	雄偉、壯闊、堅實、強大、穩定、充滿力量、英雄氣概、勇氣
曲調	大調	光明、歡樂、和平、夢想、幸福
拍子	4／4拍	積極向前、活潑、躍動
節奏	58BPM （幾乎和人的心律相同）	沉著、穩重、安心、和平

雜訊可以提升老年人的認知功能!?

近年來，出現越來越多應用聲音來幫助老年人提升認知能力、強化記憶力、改善睡眠品質的事例，而且目前這樣的趨勢仍持續上升。其中粉紅雜訊（Pink Noise，又譯粉紅噪音）這種以低音為特色的噪音，尤其受到注目，因為它能夠使人感到沉著穩定。

有研究發現，睡覺時播放粉紅雜訊的話，除了可以提高深度睡眠的品質之外，還能改善個人的記憶力[4]。

參與這項研究的西北大學（Northwestern University）菲力斯・紀伊（Phyllis C. Zee）博士表示，「粉紅雜訊帶來的刺激，或許對於改善人腦健康具有正面的效果，這不但是個嶄新的發現，還是簡單、安全且非藥物性的手段。且粉紅雜訊可以強化老年人的記憶力，是延緩記憶衰退的可能方法」。

但我們該如何進一步運用由粉紅雜訊所產生的刺激呢？關於這一點還需要更深入的研究調查。

像這樣，聲音藉由不同的研究者，以科學的實證資料為基礎，將其轉換為強大的商業策略，進而應用於解決社會問題。可以預見的是，聲音的力量今後將更加普及於人類社會之中。

COLUMN

多元的雜訊

很多人一看到「noise」這個單字，或許立刻就會聯想到令人感到不悅的聲音，**但「noise」和「噪音」其實是不一樣的東西**。

「噪音」指的是像「空調葉片的轉動聲＋人的說話聲＋拉動椅子的聲音＋背景音樂」等，由多種聲音混合之後形成，會讓人覺得不舒服的聲音。而「noise」並非是單純會令人感到不快的聲音。

雖然統稱為「noise」，但實際上各個noise有著不同的特徵。「noise」裡的聲音，因頻率（約同於聲音的高低，也稱為周波數）的不同，會有相異的名稱。

順道一提，「noise」的不同名稱，和光線及色調的原理十分相似。

● **白色雜訊（White Noise，又譯白噪音）**

白色雜訊是**所有頻率的聲音組合起來後所生成的雜訊**。與類比電視的（Analogue Television）雪花畫面聲，或空調機發出「shhh－」的聲音極為相似。「White」（白色的）這個形容詞，源自於光譜中所有顏色（頻率）光集合起來後，會形成白色光而得名。

也因為白色雜訊中含有全部的頻率，所以經常拿來作為掩蓋某個特定聲音之用。除此之外，就算只是短暫使用白色雜訊，也能產生提高注意力的效果。

不過，為什麼白色雜訊可以掩蓋掉其他的聲音呢？

舉例來說，當只有幾個人一起聊天時，要去區分出其中某個人的聲音並不難做到，但如果人數多達一千人的話，結果會如何呢？這時要想區分出某個人的聲音，就不是一件簡單的事情了。

當我們在聆聽所有頻率都包含在內的白色雜訊時，就像身處一千個人同時在交談的環境之中，此時要去分辨出某個聲音是不可能的。正因如此，特定的聲音才會被掩蓋掉或很難聽清楚。

● 粉紅雜訊（Pink Noise）

粉紅雜訊和白色雜訊雖然很類似，但前者在低音領域的部分更為明顯，**且粉紅雜訊是比白色雜訊更能讓聽者感受到柔和、穩定的聲音**。例如下雨時的「沙沙」聲，就近似於粉紅雜訊。

因為粉紅雜訊為低音頻率（在光中顯示為「紅色」），所以對應到光的顏色，就以「粉紅」來為之命名。

粉紅雜訊具有使人感到安穩放鬆的效果，同時也是能起到助眠功效的雜訊。它的特色是能和其他不同的雜訊互相搭配，所以經常被應用於各種聲音設計上。

● 棕色雜訊（Brown Noise）

棕色雜訊是比粉紅雜訊含有更多低音頻率的聲音，**近似於強大又深沉的海浪聲**。

棕色雜訊和粉紅雜訊相比更接近海浪聲，雖然被認為具有放鬆身心及助眠的效果，但因其中含有大量低頻率的成分，所以不建議長時間聆聽。在聲音設計時，可以將棕色雜訊作為一種「濃縮精華」的成分，少量而有效地來運用它。

除了前面所提到的幾種之外，還存在藍色、灰色和紫色等五彩繽紛的雜訊。但用於聲音設計的雜訊，基本上只有白色、粉紅和棕色這三種而已。

另外，當人們看到黑色雜訊（Black Noise）這個字時，心中容易產生「Black＝黑＝噪音」的想法。但事實卻剛好相反，它的意思是不含任何聲音的「無聲」狀態。

第3章——「聲景」——圍繞在我們四周的聲音空間

現在請大家花一點時間，把眼睛閉起來，聆聽一下自己周遭的聲音。

如果你正在搭火車，或許會聽見車廂內的廣播，背景音則為鐵軌接合處所發出的「轟隆轟隆」聲。

如果你正待在咖啡廳裡，可能會聽到吱吱喳喳的談話聲從隔壁桌傳過來，而背景音是店員們為顧客沖泡咖啡時所製造出的聲音。

像這樣，**我們把存在於某個空間中多種聲音的組合，稱之為「聲景」（Soundscape）**。

沒有聲音的空間，令人感到不舒服

聲音總是以各種形式存在於我們的身邊。從我們身體的動作，到車子和機械、植物和動物、海洋和河流、高山和大地，世界上不論何處，都正在發出聲音，宛如一個巨大的管弦樂團。這個管弦樂團所演奏的，是一曲會隨著時間和空間發生變化、複雜又生機蓬勃的交響樂。旋律中含有豐富多元的音色，且它們各自有特定的功能和意義。

因此，**在思考「聲音的力量」時，我們要關注的並非是個別的聲音，而是聲景整體的效果。**

此外，雖然以人工的方式可以打造出「無聲」的聲景，不過待在那樣的地方，會使人對空間的上下、左右和深淺感覺產生鈍化，不到五分鐘，就會讓人感到身體不適。**「無聲」的空間其實一點也不舒服，反倒是個會讓人覺得不自在的環境。**

實際上，**安靜的空間裡並非沒有聲音，只是人們沒有注意到在那個空間中的聲景。**

聲景會影響人們的情緒

在辦公室、住宅、商業空間和餐廳、公共場所以及交通運輸等不同的情境和空間中，人們會因為與聲音的接觸，產生「情緒動作」（喜怒哀樂等內心的情緒波動）。

有研究報告指出，商業上如果選用了不合適、低播放質量的聲音，或是在音量和節奏上有問題的聲音，就會出現由聲景所引發的消費者負面情緒動作，造成企業形象的損害，甚至使人們背棄某個品牌。

然而，就算已經有報告說明了此現象，**但絕大多數的企業至今仍不是很了解聲景會對顧客的情緒以至於決策，產生什麼樣的影響**。

例如有一則資料顯示：「在有適當聲景的商場，一百個人當中有三十五人會花較多的時間待在那裡，而有十四人會購買更多的東西」。

另一方面，在有不當聲景的商場裡，一百人中有四十四人表示想早點離開這裡；三十八人表示不會想再光顧；有二十五人則表示，不會把這裡推薦給自己的朋友或認識的人。

把聲景調整好，除了能在接待客人時產生效果，在像是辦公室等不用和消費者接觸的地方，一樣能發揮出巨大的功效。

例如有調查結果顯示，在擁有適當聲景（用心挑選曲目、音量和質量）的職場中，有百分之六十六的員工會表現出正面積極的態度。

該結果也和員工的產能之間出現正相關，此現象在年輕員工族群上尤其明顯。十六至六十四歲的勞工中，有百分之二十六的人出現產能提升的好影響，而在十六至二十四歲的年輕打工族群中，這個比例竟高達百分之四十九。

聲音的力量來自聲景的設計

聲景中的交響樂，能帶來許多正面的效果。聲景可以營造一個空間的氣氛、引發特定的情感、賦予人們對該場所的回憶，且具有誘發人們採取某種行動的影響力。**而上述這一切都源自於聲音的力量**。

藉由擴大、增加想要的聲音，減少不需要的聲音，就可以為空間中的聲景打造出更加積極的氛圍。

那麼究竟該如何調整或創造聲景呢？接著來看以下幾個簡單的例子。

吸收不需要的聲音

聲音實際上就是空氣的震動。當聲音碰到任何物體後，部分的震動會被吸收，而剩下的部分則會經由反射傳遞到其他地方。此時聲音會因碰撞到的物體，其特性上的差異（材質、構造、形狀），而產生許多的變化。

堅硬的物體通常是構成都市建築的素材，具有相當高的實用性，從外表來看，也讓都市充滿都會及現代風格。不過這類物體通常不太能吸收聲音，而是將其反射出去，導致產生許多我們預想之外的聲響。

要限制住多餘、非計畫產生的聲音傳播，主要的方法就是不讓聲音反射出去。對此可以採取吸音或隔音的處理方法。

舉例來說，在有許多不同聲音相互交錯的城市裡，就需要一套不讓這些聲音變成噪音的都市計畫。

其中一種作法是，有計畫地在各處配置具有優異吸音特性的材料，以減少多餘的聲音。例如土壤就是優質的吸音素材。

在都市中廣植低矮灌木，雖然無法和隔音牆有一樣的效果，但因為土壤本身具有優異的吸音特性，加上樹木本身可以提高視覺上的遮蔽功能，所以還是能達到聽覺上的遮蔽作用。

控制反射音

現代的聲音環境裡，充斥著反射面。像是在地下鐵、隧道、商業大樓和地下道等地方，隨處都可以看到反射面的存在。而對聲音的反射，如果有策略地設計規劃，也能有正向的功能。

舉例來說，如果我們在靠牆的這一側，針對人們行走的路線進行設計，可以藉由強調腳步聲，打造出流暢的動線。

另外，若能在流水面的背後設立一堵牆，則可以將令人感到心曠神怡的水聲，傳送到更遠的地方。

還有像是我們在行走時所產生的腳步聲等，這類由自己所創造出來的聲音，在聲景的表現上也扮演了不可或缺的角色。

像我們走在鋪滿沙礫的地面時，會產生「沙－沙－」的清脆聲音。這種聲音如果經由牆壁或天花板的反射，會因共鳴而被強化，創造出一種特殊的聲音空間。

此外，由我們自身動作所發出的聲音，能夠讓我們知道自己在這個空間中所處的位置，以及和其他東西之間的距離。就算沒有特別留意，也會知道自己正處於某個空間之中。如此一來，我們能夠確認自己的動作，並和周遭環境達到更為協調的相互作用，甚至是喚起內心的情感、記憶和行為。

當沙礫一發出咔咔作響的聲音，就會提高那個空間中，聲景的整體音量。因此當人們離開該區域後，會覺得周圍突然安靜了下來，彷彿進入到另一個不同的世界。

像上述這樣的場景設計，如果應用在連結不同的空間上，就可以達到不錯的效果。

隨著街道和建築物越來越現代化，需要把聲音反射也考量進來的地方也與日俱增。但這同時也意味著，我們有更多的可能性超越既有的聲景概念，創造出與時俱進的聲景。

設計出調和自然與人工的聲景

能讓我們感到舒適的自然聲景，是由細緻的聲音經過層層堆疊後所形成的一首交響樂。**當我們在設計聲景時，守護住自然的聲景之餘，使其能和人工的聲景共存也很重要。**

因此，在設計聲景時，如果可以把水（溪流的潺潺流水或海浪）、植物（花草隨風搖曳）、風（微風）、鳥（鳥鳴）等聲音也納進來的話，就可以在空間裡發揮出相當大的效果。

一般來說，一個對環境友善的空間，也會是一個聲景表現優異的空間，而這句話反過來說也能成立。能考慮到聲音環境，並以此打造出能讓身體放鬆的空間，肯定也會是一個對環境友善的空間。

例如，一個美麗的庭院，可以藉由有效的聲景設計，進一步提升這個空間的價值。

「水聲」可以說是在所有聲音中，最具有創造性的種類。不管是河川或瀑布的流水聲、雨滴灑落在樹葉上的聲音、拍打至岸邊的海浪聲、敲打在窗戶上的雨水聲或水滴落在水槽的聲音等，每一種都有不同的個性。

水聲具有強大的力量，是用來掩蓋交通噪音或其他不悅耳的聲音時，最合適的聲音。

水是我們生活中不可或缺的物質，不僅如此，人類還深受水聲所帶來的影響。

「水琴窟」這種日本自古以來即存在的設計，就是巧妙地透過設計水聲來打造聲景。

若只是從外觀來看，很難讓人想到水琴窟是一個能發出聲音的裝置。

水琴窟隱身於地下，當水滴落到內部積水的洞穴空間時，水滴和水面的交會之處會發出聲音。而水琴窟的上半部因為空無一物，所以能達到共鳴室的效果，除了有增強聲音的作用外，還能創造出帶有金屬風格，活潑又有朝氣的聲音。

例如位於山梨縣甲府市的甲斐武田神社的水琴窟，在那裡人們只要把耳朵貼在上方的竹筒上，就能聽見甕中的回音，其聲宛若優美清澄的琴音。水琴窟創造出有如音樂般的聲音，是藏身於自然中細緻又美麗的聲景。

在水聲家族中，海潮聲擁有另一種不同的風情。**波浪在退潮和漲潮時，因為「退」和「漲」的時間間隔，和人們靜下來時的呼吸速度相似，所以能為我們帶來放鬆舒緩的效果。**

透過共乘原理（Entrainment），讓聽者以與聲音相同的頻率來呼吸，進而引導出人們安心和穩定的情緒。

此外，海潮聲和水琴窟的水聲還存在著相似之處，兩者都像是由樂器演奏出來的音樂，具有律動感（聲音的強弱、速度以及高低的變化）。

時至今日，伴隨著技術的進步，我們已經可以簡單地創造出適用於某個特定空間且充滿策略性的聲景，可以將水聲、海潮聲、鳥囀聲和花草被風吹動等自然的聲音，與樂器聲、雜訊等人工的聲音，藉由電腦進行設計。

聲景也重視「顏值」

用數位的方式來模擬聲音或經過聲音設計的聲景，這樣的技術在今天已有了飛躍的進展。與此同時，輸出聲音的音響裝置也在不斷進化。**經過精心設計的聲景，蘊藏了為人們帶來新鮮又刺激的體驗之可能性。**

設計聲音和創造聲景，可以說是在認真思考過特定空間及其周邊環境，或是某個建築物和它內部空間的基礎上，由創造出聲音和接收聲音的雙方，彼此相互提供給對方一個舒適且能帶來益處的環境。此時最理想的狀態是，聲景能成為該場所或空間的一部分。

在商業設施等地方，雖然是使用擴音器來創造聲景，但對於該如何裝設擴音器，也需要經過充分的檢視才行。

只要音響設備能以妥善的方式來設置，就能讓聽者感受到由空間所創造出來的功能性，並增進人們對該空間的理解。另外，搭配照明設備和顏色，以及其他視覺上的表現，還會產生聽覺和視覺的相互作用，讓創作聲音者的想法能以更好的方式傳達出去。

但是，如果聽者能用肉眼清楚看到這些音響設備的話，由聲音創造出來的情感與記憶，就會和視覺上的體驗之間產生分歧，聲景甚至可能創造出讓人感到不舒適的負面作用。

以水的聲音（水聲或海潮聲等）為例，如果是真實的自然流水聲，或拍打至岸邊的波浪，這種聲音能引發人們的正面情感。但若是聲音的源頭來自於人們觸目所及，立刻能辨識出來的音響設備（擴音器），那麼就有可能引發人們的負面情感。

因此當我們在安置音響設備時，還需考慮到是否會和他人的視線有所接觸。

緩和看牙醫時會出現的聲音

藉由聲景的調控，可以**改善會引起負面情感的環境**。

這裡舉牙科醫師在診療時所使用的鑽頭為例。不論大人或小孩，不管活到了幾歲，或是有過多少次經驗，牙醫診所裡的「嗡－」或「嘰－」，這類高頻率（高音）的渦輪發動機聲，以及會發出「嗄吱嗄吱」這種連骨頭都能感受到震動的小型電動機聲，應該沒有人能習慣吧！

很多人都會對這些牙醫診所裡的聲音感到不適。有研究報告指出，對這些聲音感到不安和恐懼，是許多患者逃避牙齒治療的原因[5]。不過這個問題剛好可以靠聲景設計來找出解決方法。

日本有不少牙醫診所都選擇在診所裡播放古典樂或令人放鬆的音樂，

音樂會從患者正躺著的治療台上方音響播出。雖然這麼做看似能緩和患者不安和不愉快的情感，但從抑制鑽頭發出的聲音這點來看，其實並不能起到什麼實質的效果。

理由在於，治療牙齒時鑽頭距離患者的耳朵僅有二十公分而已，在這樣的情況下，播放的「音樂」無法減輕由鑽頭的聲音所造成的不適感。

要想緩解這種令人感到不舒服的聲音，**在接近患者的耳朵附近播放融合被動式降噪（Passive Noise Canceling，調降中音至高音之間聲音的音量）和主動式降噪（Active Noise Canceling，調降低音至中音之間聲音的音量）的聲音**，一般認為是比較有效的作法。

事實上研究人員都知道，讓患者戴上耳機，聆聽有降噪效果的音樂會有很好的效果。然而如果真的這麼做的話，牙醫師和患者之間的溝通（例如醫師想指示患者維持嘴巴張開的狀態等）就會發生問題，且耳機還可能干擾治療的過程，如此一來反倒衍生出和調控聲音無關的其他問題。

雖然有待解決的問題還不少，但設置小型的擴音器或把智慧型手機等放置在患者耳邊，藉由播放以白色雜訊為主，並搭配水聲的音樂，也是值得列入考慮的一種作法。

就我自己親身體驗過的結果來說，使用智慧型手機播放音樂的這種方式，可以大幅降低高頻（像是「嗡－」和「嘰－」）的聲音。

聲景為人們帶來健康又豐富的生活

聲音會對人們的健康和幸福，帶來巨大的影響。

聲景能讓空間中的景色（氛圍）變得明亮、快樂、輕鬆、高檔和舒適，創造出豐富多元的特色。除此之外還能誘發置身於該空間中的人，產生與聲景相符的情感。

不僅如此，聲景還能左右人們的行為（例如步行和用餐的速度，或者是要往前行，還是向左、向右轉）。

聲景的規劃和設計（聲音設計、音響設備的配置等），以能為人們帶來「健康又豐富的生活」為目標，可以預見往後其重要性必定會與日俱增。

COLUMN

日本茶道中的聲景款待

許多日本人或許並不熟悉「聲景」的含意，然而聲景的概念，其實一點也不新穎。

距今約四百五十年前，在千利休手上臻於完善的日本茶道[I]中，其實已經充分展現出富含待客之道的聲景設計。

接下來讓我們隨著茶道的「茶事」（從炭手前[II]開始，依序提供懷石、濃茶、薄茶來招待客人的正式茶會）流程，一起來找出究竟有哪些聲音設計包含在裡面吧！

I 原文為「茶の湯」，日語中「茶道」、「茶湯」、「茶の湯」基本上皆指日本傳統的煮水、泡茶等一連串的作法儀式。

II 茶事的流程之一，指在爐或風爐中設計炭的擺設。

首先是客人抵達茶事的會場，他們以微開的那扇門作為入場指示，往裡面移動。此時亭主[III]還不會出來迎接。

當客人們在稱「寄付」的等待室裡集合好後，茶席的準備方會**敲打木板，發出「叩」的聲音**。響聲的次數為當日的來客數，藉此來告知在茶室裡的亭主，客人們都已經到齊了，接著會通過露地[IV]，往「腰掛待合」[V]處移動。

「木槌鳴音」（木槌の鳴り）是源自於佛寺裡的習慣，在茶事中成為傳遞訊息的聲音。

來客在蹲踞（進入茶室之前，為了讓人洗淨雙手所設置的低矮水缽）前**聆聽注入其中的水聲，藉以感受心靈的洗滌**，此即透過聲音來引導出特定的情感。

接著亭主會從寂靜的茶室裡走出來，躬身迎接賓客。此時客人們都已在蹲踞處潔淨完身心。當木門「咻ー」一聲開啟後，大家依序由「躙り口」（入口）入室。

最後一位進入茶室的客人在關門時，**會故意發出「咚」的一聲**，以此來告知亭主，所有參與茶事的人都已經入室了。

在所有人都進入茶室後，從下火[VI]的碳裡散發出柔和的光，以及時不時能聽見**由煤炭所發出的「劈啪劈啪」聲、茶室外草木搖曳時發出的聲音、來賓在榻榻米上行走摩擦所發出的「咻ー咻ー」聲等**，都構成了茶室裡的聲景。當步行聲消失之後，亭主就知道，連客（當天所有的來賓）們都已經入席了。

III 主持茶事的人、主人。
IV 露地為附屬於草庵式茶室的庭院。多分為外露地和內露地兩種。
V 腰掛待合是設置於露地的休息之處，也稱為腰掛。
VI 茶事中於「初炭」之前事先已在爐或風爐中生好的火。

茶室裡是一個只能偶爾聽見「劈啪劈啪」的炭火聲，以及草木聲「沙ｌ沙ｌ」、「唰ｌ」的寂靜空間，能讓人們從日常中抽離，進入非日常的世界。在這裡，人們可以感受到即將展開的茶事之樂以及緊張感。而這些也是聲音導引情感的效果呈現。

當大家都坐定後，首先進行的是「炭手前」。亭主使用由鳥類的羽毛所製成的「羽箒」來清潔爐子的邊緣，**此時會發出細微的「咻ｌ咻ｌ」聲**。這個清爽的聲音，能夠滌淨客人們的耳根。

接下來會進行燒炭和焚香，然後是煮水。流程進行到這裡，亭主會先暫時退席一會兒。

當釜中的水被炭火逐漸加熱之後，**會發出「嘶ｌ」和「咻ｌ咻ｌ」的聲音**，這樣的「前景音」能使與會者對接下來的事情，產生充滿期待和感興趣的情緒反應。

接著亭主會端出懷石料理給客人們享用。在這個環節中，一樣會藉由聲音來傳遞訊息。

在客人「咻ー」的一聲飲盡碗中物之後，將蓋子蓋上，發出細小的「叩咚」一聲。這些聲音會穿過隔扇，讓亭主知道是該給客人上酒了。

此外，當客人們在**用完懷石料理，把筷子放到餐盤上發出「叩咚」的聲音後**，等於是在提醒亭主，進食的時間結束了。

吃完懷石料理，來賓會暫時離開茶室，在室外的「腰掛」聆聽草木和風發出的自然之聲，並找時間去上廁所。

在這段時間裡，亭主會把「床之間」[VII]的裝飾品，從掛軸換成花卉，然後著手準備茶事的主角「濃茶」。

VII 床之間為日式和室裡的一個裝飾空間，常以掛軸、插花或盆景裝飾。

當亭主要再次邀請來賓入室時，會先接受主賓提出的要求，然後以樂器發出聲音的方式來通知眾人入席。

此時會敲打銅鑼（由青銅、黃銅或鐵所製成的打擊樂器），發出稱為「七點打」的「砰－砰－砰－砰－砰－砰－砰」（聲音大小的順序為大小大小中中大）聲音，讓客人知道茶事的準備已經完成了。

在自然的聲景中加入銅鑼充滿躍動感的聲音，可以讓稍作休息後的來客心中，掀起對接下來的事物充滿期待和興奮的心情。寧靜和銅鑼聲響所形成的鮮明對比，能在客人的心中產生共鳴，可稱得上是了不起的聲音設計。

來賓再次進入茶室後，首先會仔細欣賞裝飾於床之間的花和點前座[VIII]的茶道具，然後才回到席位上。

此時，**最後一位客人會發出「叩咚」一聲，輕輕地關上出入口的那扇門**。我想各位讀者都已經猜到了，這個聲音是用來通知亭主，所有與會者都已經進入茶室了，接下來就要正式進入喝茶的環節。

茶室裡，從**釜中發出的「咻－咻－」聲**被賦予「松風」的美名，這是水已經煮沸的聲音。

亭主接著會拿起柄杓，「叩」一聲將其放在竹製的蓋子上，以這個聲音為提示，進行主客總禮[IX]（深深行禮），接著掛在茶室窗戶上的簾子會被揭起，讓光線灑進室內。配合此時的聲音，茶室空間從「陰」轉變為「陽」，這又是透過聲音所產生的空間和情感引導效果。

接著登場的是**亭主點茶**[X]，**茶刷因摩擦所發出的「唰咔－唰咔－」聲，以及用柄杓注入熱水的聲音**，這些也成為茶室裡聲景的一部分。

VIII 茶事主人為客人點茶時所在的位置。
IX 茶事中客人們一同對亭主的問候進行回禮的行為。
X 把抹茶粉沏成茶。

注入熱水的聲音，會因注入的速度和位置的高低，使聲音的高低和速度（Tempo）也隨之變化，進而改變茶室裡的氛圍。這個環節可以說是亭主展示自己的實力和聲音設計的地方。

喫茶的最後一個步驟，**客人會發出「咻ㄧ」一聲**，飲盡亭主為他準備的茶。

（本文的內容，主要是以聲音的部分來介紹茶事的流程，在實際的茶事中，還包含許多其他的動作。）

正如前面的內容所示，在靜謐的茶事過程中，亭主有效地運用聲音來展現自己的待客心意。

露地的草木之聲和鳥兒的鳴叫等自然的聲景，能讓人雖然身處市井之中，卻能感受到山居的閑寂。在此基礎上不斷開展出來的世界，藉由亭主為招待客人所做的聲音設計，可以進一步創造出更具效果的表現。

此外，聲音還在亭主和客人之間，扮演起相互傳遞訊息、讓彼此進行溝通的角色。

茶事的過程中，沒有多餘的語言和動作。水沸騰的聲音等可作為前景，配上時不時傳來茶刷點茶時發出「唰咔－唰咔－」這種快速的聲音，可以提高來客對那碗茶的期待之情。由柄杓製造的聲響（叩一聲），則可以轉換氣氛。而敲打銅鑼的聲音，能讓人們在小憩一會兒後，在要進入下一個環節時產生情緒高揚（覺醒）之感。以上不論哪一種聲音都值得讚嘆，皆是經琢磨過後呈現出來的聲音設計。

藉由聲音，可以引導出客人的情緒，煽動他們的情感，除此之外還能喚起人們的記憶，進一步讓人採取行動。

以調和主客精神為目標，「侘茶」的集大成者千利休，他在代表能樂的「幽玄」基礎上，進一步納入了稱為「寂靜之聲」（Sound Of Silent）的美學到自己的體系中。

在他的理念裡，人類是自然的一部分，而茶室這個空間即是一個宇宙，以這種茶禪一味的思想為背景，千利休捨棄了所有華美的裝飾和表現，致力於追求減法的美學，進而發展出屬於日本式的美學意識。

能夠清楚意識到自然的聲音和聲景，以及人與人之間的溝通，還能透過聲音設計展現出款待之情，以上這些，或許正是生逢亂世的千利休就已領悟到的事情。

第4章——聲音力量的「誘導」作用

聲音會影響我們潛在的記憶，具有「誘導」人們的力量。

而且這個力量，遠比一般人想像的更為強大。

舉例來說，消費者購入大量的日常生活用品，或是將一瓶紅酒放入購物籃裡，都有可能是受到商場裡的音樂影響所致。

或許令人難以置信，聲音居然有這麼強大的力量，但現在已經有許多科學的證據可以佐證此事。

本章中，將向各位讀者介紹大家平常沒有注意到，但卻會影響我們做決定的聲音力量，以及幾則實際應用的例子。

高音會讓人感到興奮

當各位去大型購物中心時，會只買自己原本要買的東西和吃頓飯而已嗎？我想應該不止如此吧！發現那些沒有在自己預期內的商品或服務，也是一種樂趣。消費者之所以會去購物中心，原因其實也包含了為了追求這樣的愉快體驗。

如果賣場的經營者，能夠妥善地回應消費者的期待感，我們就願意花更多的錢消費。

為了達到這個目的，賣場裡應該使用什麼樣的音樂才好呢？

適合在購物中心播放的，應該是能讓消費者在買東西和飲食的過程中，感到情緒高昂的音樂。這時音高較高（高音）的大調音樂（會讓人感到正面積極的聲音）就是最佳的選擇。我們知道，這種音樂可以使人產生幸福和幽默感。

反之，低音高（低音）或小調（會讓人感到負面消極的聲音）音樂，會引起包含悲傷等較為嚴肅的情感。

其實不只是購物中心，許多地方也都會有策略地選用符合該機構的理念、目標顧客、銷售的商品內容及目標的ＢＧＭ。**如此一來，就能引發出特定場所中存在的自然情感變化（喜怒哀樂等內心的波動），讓人們在該空間裡感到舒適**。

「誘導」一詞，或許會讓人有種被操弄的感覺，但聲音的力量確實能夠引導出人們自然的情感並使其擴大，進而產生引領我們的作用。

想讓客人多點一杯酒，就來點節奏輕快的音樂

假設要經營一間餐廳，請問你們會在店裡播放什麼音樂呢？是節奏緩慢，讓人感到穩重的音樂，還是節奏輕快的流行樂呢？

和第二章介紹過的超市一樣，選擇慢節奏的ＢＧＭ，會增加客人留在店裡的時間。

一般而言，對零售商店和其他商業以及複合型設施來說，客人的停留時間和銷售業績之間存在著一定的關聯性。但值得注意的是，場所如果換成餐廳，就看不見這種關聯性了。

餐廳裡播放慢節奏的音樂，會延長客人從走進店裡開始到離開店裡為

止的時間，簡單來說就是待在店裡的時間變長。在這點上，餐廳和零售商店並無差別。然而客人所點的東西，不會隨著待在店裡的時間變長而大幅增加，因為每一次客人到餐廳裡所吃的食物份量，並不會和滯留的時間成正比。

但要是我們把焦點轉移到含酒精飲料上的話，事情可就不一樣了。**當客人停留在餐廳裡的時間變長，他們點的含酒精飲料數量竟然會等比例增加。**

某項研究報告指出，在播放快節奏音樂的環境下，客人點酒精飲料的數量，和播放慢節奏音樂時相比，一張客桌平均竟然能多出三杯[6]，真令人感到吃驚。

有鑑於此，有些經營者希望客人能多點些酒，於是就在店裡隨意播放一些快節奏的音樂。

但是根據資料顯示，不少到餐廳和咖啡店的客人認為，「店裡的音樂是否和該餐廳或咖啡店的品牌以及風格相符，相當重要」。選用不符合品牌形象的背景音樂反而會造成客人流失，若真如此，實在是太得不償失了。

流行歌曲排行榜的效果

大家可知道，如果在賣場裡播放流行歌曲排行榜上的歌，會出現什麼樣的效果嗎？

有一項針對在賣場裡，播放流行歌曲或冷門歌曲作為背景音樂時，會得到什麼效果的研究，最後得出來的結論相當有意思[7]。

播放冷門歌曲竟然比播放流行歌曲更能延長客人待在賣場裡的時間，這個結果是不是令人意外呢？

一個可能的解釋為，這是因為當客人聽到流行歌曲時，他們的記憶受到了刺激，「啊，這首歌我有聽過」，所以會感到興奮，結果加快了自己步行的速度。

由此可知，流行歌曲的聲音能產生和播放快節奏歌曲一樣的誘導效果。

聲音產生的「促發」效果

這節一開始要先來做個測驗，請問讀者們認為左邊是什麼單詞呢？

「木〇」

「木頭」「木馬」「木瓜」「木琴」「木炭」……以上全部都可以是正確答案。

但如果人們是在聽到「木瓜」這個單詞後，才被要求回答這個問題的話，那麼幾乎所有的人，都會把「〇」裡填上「瓜」。

有意思的是，就算沒有清楚聽到「木瓜」這個單詞，而是事先把「水果、橘色」的訊息傳達給受試者知道，人們也還是會做出相同的反應。

如果事先傳達出的訊息為「音樂、樂器」的話，就會有半數以上的受試者在「○」中填上「琴」，回答「木琴」。

這種現象稱為促發（Priming），**而聲音也能發揮出與此相同的作用**。

也就是說，透過事先提示的聲音，就能影響人們對事物的選擇、決定、行動，產生「誘導」的效果。

我稱其為**「聲音促發效果」（sound priming）**。

以聲音為契機，「聲音促發效果」能夠從我們到目前為止所經歷過、積累下來的龐大記憶資料中，喚起某些特定的內容。

不知為何，今晚就想喝法國酒

針對「ＢＧＭ對人們在選擇紅酒時的影響」，有一項有趣的研究調查[8]。

研究方法是，酒商每天輪流播放具有高辨識度的法國風和德國風的音樂，然後看看實際上客人會買哪些酒。

這項研究的結果，可以說完美地詮釋了「聲音促發效果」。**在商店內播放法國風音樂的那一天，購買法國酒的比率就會提高；而店裡播放德國風音樂的那一天，則是購買德國酒的比例提高。**

耐人尋味的地方是，顧客似乎沒有注意到店裡的BGM和他們挑選商品以及做出購買決定之間的關係。

聲音在人們對事物做出選擇、決定以及採取行動時，扮演了重要的因素。從前面的例子我們已經清楚知道，聲音能起到像觸發器（trigger）一樣的功用。

像這樣，不同類型的聲音，可以藉由氣氛營造傳遞出誘導客人去購買店家想要銷售商品的訊息。換句話說，聲音的選擇其實也是行銷戰略的一環。

古典音樂能帶來「高貴感」

還有另一項研究調查是在同一間酒類專賣店，依據播放的ＢＧＭ類型來分析顧客消費金額的變化[9]。

拿播放如巴哈這類的巴洛克音樂（古典樂）當天，和沒有播放這類音樂的日子比較後發現，前者不但顧客的停留時間較長，而且連購買的酒也較為昂貴。

有意思的是，消費者並不是購買更多的酒，而是**挑選了價格高於平日會選購的酒類**。

古典音樂能讓店裡的空間氣氛變得更「高貴」，進而誘導出顧客願意解囊消費的購物心情。

在花店裡播放浪漫音樂

那麼如果把酒換成花的話，又會得到什麼樣的結果呢？其實也有以花店為對象，針對在店裡播放不同類別的音樂會對消費者帶來什麼影響的研究。研究方法分為三種，一是在花店裡播放流行樂，二是在花店裡播放浪漫音樂，三是不播放上述兩種音樂，藉此來調查客人的消費行為。

從研究的結果可以得知，**播放浪漫的音樂時，客人購買的花不論在種類和數量上都比較多**[10]。

之所以會出現這種現象，可能的解釋為，因為花朵給人的形象，比起流行音樂，更接近浪漫的音樂。除此之外，顧客心中潛在的花朵形象，受到浪漫音樂的刺激，因而反應在購買數量的增加上。

假如我們在花店裡播放快節奏或是播放那種連地板都會震動的低音音樂，客人應該會覺得店裡的音樂和自己心中對花的印象出現落差，於是為了快點離開這個地方，而加快自己買東西的速度。

若將上述研究的成果應用在現實中，我們可以看到當聖誕節來臨時，商店裡會播放應景的節慶音樂，以誘導消費者願意花更多的錢來購買和聖誕節相關的商品上。

超市如何誘導消費者

使用聲音來引導出人們的情感以及促發效果，在實際的商業環境中是如何運作的呢？

請各位讀者回想一下，在經常去的超市裡，店內的聲景如何呢？或許其中暗藏了不少會誘導我們的巧妙設計喔！

這一節將以美國主要的大型超市聲景為例，來看看經營者誘導消費者的策略（見九十七頁超市平面配置圖）。

賣場入口處的聲景，**是熱情而富有節奏感的拉丁音樂**。播放的拉丁樂曲，是類似吉普賽國王合唱團（Gipsy Kings）的〈Volare〉這類的曲子，而且還會在音樂中加入少量的白色雜訊，並將聲音調整到適當的音量。

超市的入口雖然僅是為了讓客人入店的不起眼空間，但在這裡的聲景，卻能對消費者的購買行為產生影響。也就是說，在客人踏入賣場前，這一短暫的時間裡所聽到的聲音，就能起到「聲音促發效果」。

進入超市後，入口的拉丁音樂消失了，顧客會聽到的是**潺潺流水聲，有時還伴隨水花的飛濺聲，以及能讓人感受到遠近差異的二到三種鳥鳴聲，再搭配上少量的粉紅雜訊和海浪聲等**經過設計的聲景。

自然的聲音具有讓人心情穩定的鎮靜效果，而水的聲音能夠誘導出人們心中對「新鮮」的情感反應。在這個空間裡，顧客們被穩定、自然、療癒和新鮮包圍。

像這樣的聲景設計，能讓人們對陳列於眼前的蔬菜水果，感受到水靈和新鮮感。

此外，能讓人感受到遠近差異的潺潺流水聲、水花的飛濺聲和鳥鳴聲等，可以使顧客的視野往前後、上下、左右擴展。

另一方面，在超市入口處無意間聽到的「拉丁音樂」，還會誘發消費者對紅番茄和柳橙這類水果的興趣，促使人們購入原本沒有打算要買的東西。

離開蔬菜水果區後，顧客可以選擇移動到魚類和肉品區。

從超市經營者的角度來看，當然希望顧客不要以最短距離在不同區域間移動，而是盡可能地多繞到其他地方看看，並購買更多的商品。

實際上在蔬菜水果區的聲景，是作為新的「聲音促發效果」在發揮作用。因為潺潺流水聲以及偶爾出現的水花飛濺聲，會讓顧客產生水、新鮮、魚類的聯想。

超市的平面配置圖

蛋・乳製品・加工食品
魚類
肉類
無歌詞的伴奏樂
慢節奏
蔬菜
水果
日用品
調味料
餅乾糖果・麵包
飲料
酒精類飲料
潺潺流水聲
鳥鳴聲
櫃台
入口
出口
拉丁音樂

這裡的重點是，要不動聲色地把消費者引導到「魚類」的方向去。正如行銷黃金守則所教導的那樣，如果給予消費者過於直接的關聯提示，反而會得到反效果。因此，要是賣場方希望引導顧客往魚類區移動，就不應該把海洋的聲音作為前景來使用。

受到蔬果區聲景影響而往鮮魚區移動的顧客，因為在他們的心中「新鮮」的印象已經成形，所以這時出現在這些顧客眼前的商品，有很高的可能性會讓他們有「新鮮」的感受。

因為超市的經營者會希望顧客放慢腳步，睜大眼睛好好瀏覽不同的商品，所以在超市的中央區域，**會播放無人聲而只有樂器演奏的器樂，將聲景設計為大調（明亮）、慢節奏的音樂**。

到了販賣酒精飲料的區域，原先於入口處因聽到「拉丁音樂」所引起的「聲音促發效果」將再次被喚醒。對那些進入超市以後，一直處在沒有人聲、安靜、沉穩聲景中的顧客而言，入口處的「拉丁音樂」是他們唯一聽到過的人類歌唱聲。快節奏且富有韻律感的拉丁音樂，擁有使人留下強烈印象的促發效果。

聽過「拉丁音樂」的顧客，會從音樂中的語言（義大利文）、旋律等，通過個人的經驗，在無意識中生成「拉丁、義大利」的形象。

然後當他們在酒類區看到「義大利」的商標時，心中「拉丁、義大利」的形象會受到刺激，接著會把注意力移到商品上，然後伸手去拿一瓶酒，接著再檢查一下商標。此時消費者受到的刺激將更為強烈，且開始考慮要不要帶這瓶酒回家。像這樣，聲音和顧客的消費行為之間是相互關聯的。

前面所舉的個案是以「拉丁音樂」為例來說明，在超市入口處的「聲音促發效果」，還需要根據店家想對顧客推銷或販售什麼商品，而去選擇或設計不同的樂曲。

能夠配合消費者的需要、欲求和動機，做出全面性理解的「聲音促發效果」，一定能成為提升品牌認知和業績的強力武器。

另外，藉由不同類型的音樂，還能使消費者的行為發生改變[11]。舉例來說，古典樂具有能讓人想購買高價位商品的作用，**而鄉村音樂則會提升像是牙刷等日常用品的銷售數字**。

在商店和商業設施裡，顧客的動線也和業績的好壞存在著連動性。消費者會往哪裡移動的「路徑選擇」，或是他們想要脫離某個地方的「迴避行為」，經營者都可以藉由聲音來促成動線規劃。

儘管商品的內容和空間的氣氛會影響消費者決定是否購買某個商品，但有的時候，透過聲音所打造出來的氛圍，比商品本身更具有左右消費者做出購買與否的決定性影響力。

也就是說，合適的聲音（聲景）不等同於該空間的負責人或管理者的

「個人喜好」。

如果大家能以這些經過科學驗證的事例為基礎，選擇具有策略性的聲音，那麼一定可以將聲音的力量活用於商場之中。

COLUMN

聲音選擇的提示

在這個專欄中，我們將本章提到什麼樣的聲音會對我們產生誘導之效果，來做一個整理。

● **節奏：影響顧客移動的速度**

快節奏　顧客的步伐速度加快
使顧客直接走到欲購買商品的區域（視野變窄、直線行動）
顧客待在店裡的時間縮短

慢節奏　顧客的步伐速度放慢
會讓顧客走到其他區域（視野變寬、四處看看）
顧客享受店裡的氣氛，願意花更多錢購買商品
顧客待在店裡的時間變長

● **類型：影響顧客待在店裡的時間和購買意願**

流行樂　客人停留時間縮短百分之八

不熟悉的音樂　增加客人的停留時間

古典樂　購買高價商品的比率增加

減少偷竊率[12]

鄉村音樂　購買日用雜貨和實用性商品的比率增加

● **歌唱（人聲）：影響購買意願**

有歌詞的音樂　降低消費者購買的注意力

● **音調：影響顧客的心理**

大調（明亮）　正面積極的情感

小調（陰鬱）　負面陰沉的情感

● **聲音大小：影響停留時間**

音量大　會增加顧客的壓力，減少停留時間

音量適中　會增加顧客的穩定、舒適感，增加停留時間

過於安靜　會讓顧客對噪音過於敏感，留下不好的回憶，減少停留時間

● **頻率：影響購買食物的傾向**

高頻　水果和甜食類商品的銷售上升

低頻　啤酒等帶有苦味的商品銷售增加

第5章

聲音力量在品牌建立上的應用

這幾年的商業市場競爭相當激烈，新穎的企業如雨後春筍般出現，新的想法、嶄新的產品也不斷推陳出新。企業為了確立品牌，如何讓消費者認識自己這件事變得比以往更為重要。

以往負責市場行銷的人，會以讓消費者自己形成對該企業品牌形象的方式，使用視覺的標識（視覺認識標識）、特定的顏色（品牌標準色）和文章（文字內容）等，採取以視覺為主的途徑。

然而當今在這個領域裡，聲音的力量也能有所發揮。

其實，**為了因應新的時代，目前世界上已經從既有的視覺途徑，開始轉向新型的品牌建立，也就是採用「品牌聲音識別」（Sonic Branding）**。

這些使用「品牌聲音識別」的企業，不但能活用聲音的力量，還提高了和目標對象（target audience）之間的親和度。

根據哈佛商業評論（Harvard Business Review）的研究顯示，把聲音應用在打造品牌上，可以明確地建立起和其他公司在服務及產品上的差異性[13]。

新時代的商戰策略——「聲音商標」

「Ba da Ba Ba Bah, i'm lovin' it」

當各位讀者聽到這個聲音時，腦海中會浮現哪一間公司呢？

我想答案非「麥當勞」莫屬了，只聽到聲音，就可以讓人們聯想到這一家企業。不只如此，這個聲音同時還向消費者傳達了該公司的企業識別（Corporate Identity）。之所以能夠如此，有賴於品牌聲音識別發揮的作用。

和映入我們眼簾的公司商標一樣，藉由進入我們耳中的聲音，**能夠在消費者腦中留下深刻的企業識別，這是新世代的商業戰略。**

善用聲音力量的聲音商標，可以串連起企業和顧客，讓公司品牌跨越文化、語言，甚至是視覺的世界，讓更多的人認識它。聲音商標可說是具有強大的能量。

聲音和語言顯而易見的差異

請各位讀者再次回想一下前面提到的「Ba da Ba Ba Bah, i'm lovin' it」。這段文字全部由英文字母構成，雖然我們並非出生於英語系國家，但只要聽到這充滿韻律感的聲音，就會立刻想到麥當勞。

不管身處在世界上哪一種語言圈，一段聲音就能讓人聯想到某特定企業，是不是令人感到很吃驚呢？

不僅如此，這段聲音在讓我們想起某品牌的同時，也向我們傳遞出正向的訊息。根據一份研究「i'm lovin' it」這段聲音所帶來的商業影響力之報告指出，光是這一則廣告，就讓消費者對速食的印象變好了[14]。

還有資料表示，聽完這段聲音後，消費者對麥當勞產生「快樂」情緒的現象增加了百分之九（對麥當勞產生「快樂」的感受，在商業行銷上的意義是能增加朋友之間的共享或投稿到推特上的行為，進而提高消費者和身邊的人分享的可能性）。

Do－、Do・Fa・Do・So

英特爾（Intel）的聲音商標，其實也是一個相當成功的代表性案例，在這一點，日本人或許不像美國人的感受那麼明顯。英特爾的聲音商標，僅由短短的五個音所構成「D－n, Ba ba ba ban（實際的聲音：Do－、Do・Fa・Do・So）」。

這段聲音是「內建英特爾」（Intel Inside）活動的其中一項，於一九九四年時開始實施。雖然問世已超過二十五年，但託它的福，**如今英**

特爾已經是世界上品牌知名度最高的企業之一了。

作曲者瓦索瓦（Werzowa）曾說過，當他聽了「內建英特爾」的品牌理念（Tagline，以文字來表示企業提供給消費者的核心價值）後，就以腦海中浮現的旋律，創作出這段音樂。

日本企業尚未意識到聲音的重要性

聲音商標不單只是希望顧客和消費者能夠記住企業和商品名稱及其服務內容的工具而已。這裡我想重申的是，聲音商標是一種商業策略，透過聲音的力量，來喚起人們對企業品牌的「情感、記憶、行動」。

雖然聲音商標能為公司帶來這麼多的好處，**但從現狀來看，日本國內認真對待此事的企業，仍是屈指可數**。

歐美的公司無論規模大小，無不投入心力於聲音商標上，今後隨著智慧音箱（Smart Speaker）的普及，顧客和企業之間透過聲音來交流的機會只會與日俱增。

眼下正是大家更新知識領域的絕佳時機。

從下一節起，我們將更深入地介紹聲音商標的內涵。

品牌聲音識別的三大要素

「品牌聲音識別」是企業為了在和顧客接觸時，所準備的幾種不同類型的「接觸點」（touch point），如果要說得更精準的話，則為「聲音點」（sound point）。

例如智慧音箱（Google和亞馬遜等）、電話的保留音（音樂）、電視廣告、廣播廣告、企業內部影片、網站、公司等候室的ＢＧＭ以及租用空間內的ＢＧＭ等。

採用品牌聲音識別，**亦即全部用「聲音點」來統一管理企業品牌**。

若要如此，應該怎麼做才好呢？

首先，不可或缺的是**「企業歌」（Business Anthem）**。

正如國歌是象徵國家的歌曲一樣，「企業歌」是代表某個企業的歌曲。企業歌不但能展現出企業識別（Corporate Identity），還能把企業的「訊息」傳遞出去。

企業歌是有使用到歌詞的歌曲，但如果僅以聲音來呈現的話，則可稱為**「聲音企業歌」（Sound Business Anthem）**。

「聲音企業歌」是把用文字傳達企業理念和理想的內容，以聲音來做表達。這和用來提振員工的工作熱情，或是提高對公司忠誠度的「社歌」，在本質上是不一樣的。

而**「聲音標誌」（Sonic Logo）**則能讓人在短暫或不經意的接觸過程（聽到）中，達到識別的效果。

品牌聲音識別以①企業歌為基礎，然後將其和用聲音來呈現的②「聲音企業歌」，以及能讓人留下印象、經過萃取的③「聲音標誌」結合在一起而完成。

聲音企業歌

企業的理念和理想、公司的服務項目以及和顧客之間的連結，可以透過企業歌，以簡單的文字來呈現。然後以此為基礎，再來製作聲音企業歌。

聲音企業歌是用聲音來傳達企業識別，並藉此創造出企業和顧客之間在情感上的連結。對顧客來說，聲音企業歌是能使人記住個人經歷和感情的一種記憶媒介。

那麼聲音企業歌究竟傳達了哪些訊息給我們呢？接著就來看幾個具體的案例吧！

英國航空的聲音企業歌，採用的是歌劇《拉克美》（Lakmé）中的〈花之二重唱〉（Flower Duet）。〈花之二重唱〉這首曲子，是一八八一年完成的歌劇《拉克美》中，由兩位女性（女高音和次女高音）演出的著名二重奏。

英國航空把這首已經問世的曲子拿來作為聲音企業歌，在電視、廣播廣告中以及登機時播放。

曾經搭乘過英國航空的旅客，想必都曾聽過這首歌。接著來簡單分析一下，〈花之二重唱〉這首曲子會引起乘客什麼樣的情感反應。

- 「古典樂」和「歌劇」這類型的音樂，容易讓人感受到**傳統**、**氣質**、**歷史感**、**高級**、**典雅**、**沉穩**、**安心以及故事性**。
- 兩位女性的二重唱，能使人產生**溫柔**、**細緻**、**美麗**、**細膩**、**周到**、**典雅的形象**。
- 穩定的旋律能帶給人**溫和**、**柔軟**、**安穩**、**安定**、**前進**、**寬廣的印象**。

綜合上述，乘客們能從英國航空的聲音企業歌中，體會到該企業想要傳達給人們這樣的訊息：**「英國航空擁有源自傳統的信賴感，提供乘客體貼入微的服務，以及安全穩定又舒適的飛行和高品質的航班」**。

像英國航空這樣，拿早已問世的歌曲來使用的情形，最重要的考量應為以下兩點：其一是，歌曲的聲音能否傳遞出企業歌所要表達的故事性。其二是，公司藉由該歌曲的聲音，想讓顧客感受到什麼。

聲音標誌

和聲音企業歌一樣，聲音標誌也是能記錄下顧客和企業品牌之間共同價值觀的一種記憶媒介。但要特別注意的是，因為畢竟是「標誌」（logo），所以是短小且經過壓縮後所呈現的聲音。

這種聲音也稱為「Jingle[I]」，它和電視以及廣播等在切換時所發出的提示音是完全不同的。

許多人或許認為，到目前為止自己從未聽過什麼「聲音標誌」，但實

I 廣告術語。指吸引人又容易記的韻文或歌曲。

際上並非如此。聲音標誌其實早就已經進入到我們日常的聲景之中了。

像是開啟Windows或Mac作業系統時的聲音，或前面介紹過的麥當勞「i'm lovin' it」，以及英特爾的「D－n, Ba ba ba ban」都可作為例子。

話雖如此，聲音標誌**並非歐美企業及跨國公司的專利**。例如：最近已不容易聽到的日本移動式拉麵攤（夜鳴きそば）的嗩吶聲，其實從大正[II]時期就出現了。另外像日本賣豆腐的小販所吹奏的喇叭聲，更是從兩百三十年前的江戶時代開始，延續至今的「聲音標誌」。

這些聲音對許多人而言，聽起來或許只是某種助記符號（Mnemonic，為了便於記住某種事物的信號，或為了記住某件事物所創作的同譜換詞歌曲），是沒有特殊涵義的「聲音」而已，但對於一家企業來說，這種聲音卻能發揮出重要的戰略效果。

今後「聲音標誌」的重要性將與日俱增

充滿魅力的聲音標誌，能使企業品牌更受矚目。由聲音所構成的聲音標誌，會讓消費者想起這間公司的品牌，喚起他們的情感，並強化兩者之間的連結。

隱身於聲音標誌背後的，是從簡短的聲音中產生能喚醒記憶與情感的聲音力量。

如同人們可以從手機的雜音中聽出對方目前在哪裡一樣，我們也能藉

II 大正為日本大正天皇在位期間所使用的年號，大正年間從一九一二年到一九二六年。

由聲音的片段和雜訊，簡單地推測出特定的地理位置。

此外，透過聲音我們還能獲得有關時間的訊息。例如：只是聽到「夕燒小燒」[III]這首歌開頭幾秒鐘的旋律，就會讓日本人意識到「啊，原來已經傍晚時分了」。又例如日本的「緊急地震速報」，聲音雖然短到不足一秒，但卻足以立刻喚起大眾的警戒心理。

依循企業歌所製作的聲音標誌，不只能強化顧客和企業之間的連結，還能對尚不認識該企業的未來潛在顧客，行銷自己的品牌。

當然，如果公司的聲音標誌並沒有依循企業歌來製作的話，很有可能會導致人們接收到的是和該企業原本的理念大相逕庭的形象。

視覺標誌會吸引看見它的人的注意力，但聲音標誌卻能讓注意力和關注焦點放在其他地方的人，經過二十四小時不停的聽覺刺激後，接收到聲音標誌的訊息。

由此可知，聲音標誌相較於視覺標誌，更能明確地呈現出企業的品牌，所以企業在製作聲音標誌時，必須要謹慎小心才行。

從亞馬遜的智慧型助理「Alexa」以及Google的智慧音箱「Google Home」等**無螢幕裝置（screenless devices）**日益普及的情況來看，我們更能清楚地觀察到聲音標誌的重要性。

不僅如此，企業運用新型的「聲音點」來和顧客進行交流的機會，想必今後只會繼續增加。

可見，聲音標誌的重要性日後將持續上升。

III 原文歌名為「夕焼け小焼け」。

標誌的演變，從看見到聽見

二〇一九年二月，萬事達卡（Mastercard）在美國公布了它的「聲音品牌識別」（Sonic Brand Identity），此舉宣告了該企業投入新的品牌聲音識別之列。萬事達卡把原本人們在使用智慧型手機或其他行動裝置進行感應時，已經看習慣的**視覺標誌中，移除了「Mastercard」的品牌名稱**。

此舉讓消費者只從留下來的紅色和黃色的兩個圓，來識別萬事達卡。其實像NIKE的勾勾，或蘋果公司所採用的被咬了一口的蘋果等商標，都是我們再熟悉不過的國際品牌中，那些沒有企業名稱的**「無言商標」**，而現在萬事達卡只是加入了他們的陣營而已。

有報導指出，現代的消費者每天會接觸到的廣告，竟然高達五千則之多。

在如此資訊氾濫的情況下，想讓消費者把注意力放在特定企業上，並非一件容易的事。

進一步來說，因為使用Podcast、亞馬遜的Alexa以及Google Home等無螢幕裝置的人數正在不斷增加，使得消費者盯著螢幕「『看』見品牌」的時間，也逐漸下滑。

不用說，利用無螢幕裝置時，當然「看」不到萬事達卡，因此在面對「無螢幕」的新環境時，萬事達卡決定讓人「聽」見它。

隨著消費者的行為變化，企業面臨到必須採用和過去不同的方式來強化表現品牌的識別，以及必須提高消費者對品牌認識的挑戰。

爭奪四百億美元巨大市場的戰爭已然開打

萬事達卡在發布的新聞稿中寫道，「由聲音創造出來的聲音購物（Voice Shopping）市場，如果把英國和美國的市場加總起來，**到二〇二二年為止，預期可達到四百億美元**[15]。聲音品牌識別不只會在企業品牌和消費者之間創造出新的連結，當消費者越來越數位化後，更有可能在行動化的世界中進行消費、生活和支付」。

這則新聞稿中最引人目光的，莫過於四百億美元這個令人咋舌的龐大市場規模了。可以預期，**品牌聲音識別將會是爭奪這個巨大市場霸權的主戰場**。

當然，市場上不會只有萬事達卡這間公司注意到聲音品牌識別，並試圖用新方法來探索新的可能。作為競爭對手，VISA卡也開始嘗試以超越既有的視覺標誌和市場媒體，來設計新的品牌識別。

除了萬事達和VISA這兩間信用卡公司，其他不同業種的商家也把資金投入新型的品牌戰略中，希望以此創造出顧客和企業之間的新關係。

當企業品牌在面對新的挑戰時，我們的生活型態和舊有的觀念思維，也會隨之發生巨大的改變。

萬事達卡這次的「新型」品牌聲音識別策略，目前其實尚未得到充分的發揮。

可以說萬事達卡不過是邁出了改變的第一步。

正如前面的新聞稿所述，打造聲音品牌這件事，不只是單純製作聲音和聲音標誌，然後將其應用在廣告中而已。

萬事達卡找來了世界各地的音樂家、藝術家、廣告業者以及聲音方面的專家等來自各界的專業人士，在徵詢了他們的意見後，才進行聲音企業歌的製作。

正如「大調的聲音＝明亮」、「小調的聲音＝陰鬱」所呈現出來的結果，萬事達卡在預期到由聲音所傳遞出來的情感具有一貫性之後，採取了在維持自身的標準外，去挑戰提高和不同文化之間的共鳴，以及能應用在全球各地的新型聲音商標策略。

我想近期之內日本的企業也會導入這種作法吧（？），真令人拭目以待。

聲音已成為人們用來建構和企業品牌之間關聯性的強大工具。

或許再過不久，大家在路上將越來越有機會，碰到有人正在哼唱你們公司的聲音標誌也說不定喔！

成功的品牌聲音具備的六個特徵

行文至此，想必大家都已經了解，品牌聲音對企業而言有多麼重要了。

那麼，能讓人們記住，還可以使消費者對該品牌持有正面形象的品牌聲音，究竟有什麼特色呢？在本章最後，讓我們一起來思考這個問題吧！

我在累積了不少相關的諮詢經驗後，從中總結出成功的品牌聲音具備以下幾種特徵。

一、能找出所有的聲音點

挑選符合品牌的聲音或適合用於廣告中的音樂，其實都不能稱之為品牌聲音。

「聲音點」是企業用於宣傳的聲音和顧客之間的連接點，它出現在很多地方。

例如電子產品開機時發出的聲音、點擊網頁時出現不到一秒的音效、賣場裡播放的ＢＧＭ或是保留電話的聲音等皆是聲音點。

因此重點應該放在，**如何達成全面覆蓋這些聲音點**。

二、清楚自己的客群

成功的品牌聲音識別，可以清楚地回答以下這些問題。

「你的公司鎖定的客群，平均年齡是幾歲？」

「顧客需要的是什麼樣的商品和服務呢？」

「競爭對手使用什麼樣的聲音商標呢？」

這是因為企業對於**想透過聲音傳遞訊息的客群明確**，且希望客戶能有什麼樣的感受都已經計劃好了。

如此才有可能製作出可以正確傳遞出品牌形象的聲音。

三、藉由聲音引發情感

成功的品牌聲音，追求的是**能順利帶出顧客情感**的聲音。「i'm lovin'it」帶出的躍動感，就是一個成功的例子。

還有像是使用蘋果的產品寄送電子郵件時會出現的「咻—」聲，會讓使用者得到郵件已平安送出的安心感。

四、創作原創的聲音

當顧客來向我諮詢時，經常會提出他想使用人氣歌手或自己喜歡的曲子這類的要求。

然而我必須說，這並不是最佳的品牌聲音策略。因為流行歌曲的形象大多已經固定了，所以無法充分呈現出客戶的企業所期待的形象。

要想強調自家公司的特色，需要從頭開始製作能讓顧客留下深刻印象、具有獨特風格的聲音，才能在品牌聲音上取得成功。

五、簡單最好

二十世紀福斯（Twentieth Century Fox）[IV]和英特爾這類擁有優秀聲音識別的公司，其共通點在於不依靠文字語言，而是利用「音色」讓顧客瞬間就能認出它們。

能把品牌識別傳達給客戶的聲音，**就算長度只有短短幾秒鐘，也相當足夠了**。

六、使用具有一貫性的聲音

為了當作品牌聲音識別所創作出來的音樂，就像是企業行走江湖的「指紋」。針對特定的公司所提供的客製化聲音，將擁有足以左右公司未來的巨大價值。

和根據商品類型以及服務內容不同就會做出改變的廣告音樂不同，品牌聲音的音樂要做到的是，就算是在不同的聲音點上**也能傳達給顧客相同的訊息**，因此具有一貫性的聲音，才能夠強化顧客和企業之間的信賴感和親密關係。

Ⅳ 現已更名為二十世紀影業（20th Century Studios）。

第6章——隱藏在人聲中的力量

你對自己的聲音有自信嗎？為什麼明明是講同樣的事情，有的人能夠影響對方，有的人卻無法做到呢？兩者之間的差異或許就隱藏在聲音裡。

每個人所發出的聲音，很大程度會影響到個人的領導能力。從日常生活中的對話、會議、談判、發表結算報告或面對投資者們進行口頭報告等，在所有不同的商業場合中，我們的「聲音[1]」其實正展現出個人的存在感和領袖特質（Charisma）。

我們可以從臉上充滿自信的人口中聽到能使人信賴的聲音，與此同時對於這個人的好感度也會陡然提升。一般來說，建立對他人第一印象的基礎，是源自於多種感官的訊息。

這時，個人的聲音和臉上的表情以及外貌等視覺訊息，皆站在同一條起跑線上，**都是建構個人第一印象的重要資訊**。

本章的內容要介紹聲音口語策略（Sound Oral Strategy），說明說話方如何引出聽者的興趣，以及該如何把想傳達的訊息正確傳遞出去的聲音表現方法。

I 原文為「声」，日語中「声」和「音」其實是不同的東西。「声」是人或動物，透過發聲器官所發出的聲音。「音」是人的耳朵接收到物體的震動所感受到的聲音。

聲音口語策略的六大重點

雖然一個人擁有迷人又具有說服力的聲音，並不代表他一定會取得成功，但一些縱橫商場的成功人士和許多國家的政治人物，他們無不接受有關如何演講的訓練，這也是一個不爭的事實。

一般人對於演講訓練內容的印象，不外乎包含找到合適的換氣時間、改善發音的練習等，但聲音口語策略所涵蓋的範圍則更為廣泛。

聲音口語策略是綜合了語彙的使用、聲音的高低、說話的節奏，以及在演講過程中如何強調重點和創造空白（安靜的間隔）等，為一套有戰略性的規劃。

其中會考慮到的重點為以下六項：

①音色

②音高

③節奏

④音量大小

⑤安靜

⑥韻律

接著讓我進一步來說明。

一、音色：選擇能打動人心的語彙

二〇一六年，時任美國總統的歐巴馬到廣島進行訪問時，發表過一場演說。

在演講中的某一句話裡，歐巴馬使用了日文「被爆者」（讀作Hibakusha，指受到原子彈傷害的人）一詞，但如果他選擇「Atomic bomb victim」這個英譯語彙，其實也沒有任何問題，相反的，以他的立場來看或許還更自然些。

那麼，為何歐巴馬總統要故意使用「Hibakusha」呢？

一場能打動聽眾的演說，**需要在語彙的選擇上謹慎行事**。就算是意思相同的單字，只要使用的方式不同，也會讓聽眾留下不同的印象。

美國前總統歐巴馬在日本的這場演說中，之所以會選擇「被爆者」這個日語詞彙，背後當然有他的策略。

透過在演說中加入日語的作法，歐巴馬在面對被爆者和他們的遺族以及日本國民時，能傳達出超越語言的情感。

因為我們能**敏銳地捕捉並理解自己的母語**，所以當下容易感受到親近、共鳴以及友好的情感。這就像到國外旅行時，日本人如果聽到有小販對自己說「KONNICHIWA」（你好）或「ARIGATO」（謝謝）的話，肯定會停下腳步接著走回去看看，並向他多買些東西。

如果在你說的話中，有聽者能夠輕易掌握住的詞彙，甚至該詞彙能喚起對方共鳴的話，你的發言就可以加深對方的理解，打動人心且具有影響力。

二、音高：壓低基本音高

要是有人發出「啊！」高八度的尖叫聲，我想現場幾乎所有人都會往他的方向看過去吧！**音高較高的聲音會使人驚醒，具有吸引人們注意力的效果。**

嬰幼兒的哭聲之所以這麼高，也是源於他們知道這麼做才會吸引到母親和周遭大人們的注意。另外像母親們和嬰幼兒對話時所使用的高音調

「兒向言語」（Infant－Directed Speech），除了能吸引小孩的注意之外，還具有讓他們持續專注在語言上的效果。

接著讓我們再來看看音高較低的聲音會帶來什麼樣的效果。

根據一項針對在美國上市的八百間公司中，七百九十二位男性CEO聲音的研究[16]顯示，**一個人的聲音如果音高較低且具有厚度的話，比較容易取得成功**。

雖然這項研究調查以男性為對象，但換作是女性，音高較低的聲音同樣也能帶給其他人具有說服力和沉穩的印象。

許多人或許都知道，英國的柴契爾（Thatcher）首相過去還曾刻意練習如何降低她原本就已經不高的聲調來說話。

因為低沉渾厚的聲音會讓聽者感到安心，提高聽者對說話者的談話內容以及其個人人格的信賴度，也會使聽者從說話者身上感受到對方**較高的社會地位、領袖魅力及領導能力**。

如果你的聲音既不低也沒有厚度的話也不用過於擔心。因為透過呼吸和嘴部的閉合練習，是能夠創造出「聲音」的。

想要擁有強大渾厚的聲音，得先從橫隔膜呼吸（腹式呼吸）開始練習。

首先從鼻子吸進空氣使腹部隆起，然後把這口氣像是要在胸腔裡產生共鳴般發出聲音，這麼一來身體就會像一部樂器，發出聲響以及有厚度的聲音。

接著可以透過像打哈欠的動作，緩緩地張大嘴巴使其成縱向開展，以感受口腔內部的空間。當你要發聲時，除了張大嘴巴外，**還要同時意識到口腔內部的空間，藉由這種方法來進行發聲練習**，自然可以發出清晰的聲音。

相較於英語，日語是一種不太需要運用到口腔內部空間和臉部肌肉就能發聲的語言。所以進行上述的發聲練習，對於習得口語技巧是有助益的。

如果我們能每天練習腹式呼吸、感受口腔內部空間和進行嘴巴閉合練習的話，就能逐漸把自己與生俱來的聲音，轉換為經訓練雕琢過的聲音。

除此之外，還要請各位嘗試發出低音高的聲音。經過訓練的聲音，是不是變得更有修飾過後的魅力了呢？

上述的練習方法，我同樣推薦給聲音原本就不高的人。因為這麼做可以減少聲帶在發聲時產生的負擔，還能讓你的聲音充滿魅力又聽得清楚。不過，要注意不要為了想發出「渾厚的低音」，而犯了讓自己低頭朝下或用錯力等錯誤。

另外有一種稱為「動態聲」（Dynamics Sound）的演講技巧，其作法是在演講過程中保持較低的基本音高，然後只在要提醒聽眾注意接下來的內容時，突然提高聲調。這是運用音高的高低差來創造出效果的進階版聲音口語策略。

三、節奏：溫和地在基本節奏中帶入節奏的快、慢變化

這裡要請大家回想一下，上課時老師是以什麼方式說話？是不是好像在唱催眠曲呢？其實不管老師的上課節奏是快或慢，說話速度是急驚風還是慢郎中，會讓台下學生進入夢鄉的，通常不外乎是**保持一致的說話節奏**。

完全不改變節奏的說話方式，無法讓聽眾持續保持興趣和注意。

為了讓自己說的話能發揮功效，得把發表的內容、場所以及聽眾的性質等都列入考慮，而且還需選擇合適的節奏才行。

原則上基本節奏可以放緩些，如此一來不但可以讓自己口齒清晰，還能使人感受到你的安定感、誠懇、知性、沉穩、氣質和可信賴。

當我們在人前說話時，容易因為緊張而加快節奏。但如此一來，反而會讓對方感覺到你沒有自信、不夠穩重而且難以信賴。

一般來說，我們透過耳朵聽到聲音並能理解其內容的速度，約為一秒鐘七個字。因此只要採用一秒鐘六個字以下和緩的速度來說話，對方會比較容易吸收你想傳達的內容。

另外像ＮＨＫ所採用的速度為一秒鐘五個字。我們可以參考主播播報新聞的方式，來決定自己的基本節奏。

然後把這個節奏作為說話的基調，在想要表達出熱情的時候才加快節奏。接著在要強調關鍵字或堅定的信念時放慢節奏。藉由**掌握節奏收放**，就能吸引聽眾的注意力。換句話說，其實只要別去做會讓人昏昏欲睡的課堂上發生的事，那就沒錯了。

四、音量大小：故意低聲細語也很重要

音量和節奏一樣，如果沒有抑揚頓挫的話，就會讓聽者覺得很乏味。當講者提到他想強調的內容時，通常會自然地放大自己的音量，藉此來喚起聽眾的注意。但如果是要陳述親密或特別的內容時，**故意降低音量來講述這件事**，反而能得到更好的效果。

不論今天是碰到演講或口頭發表，只要事前有準備稿子的時間，我們就可以在稿子上標註強弱的記號，並按照指示誦讀並錄音，如此一來就能以客觀的角度重複聆聽、檢視自己的聲音。

我自己在做演講指導時，同樣會事先在原稿上標記出聲音的強弱符號（f：大聲，p：輕聲）。

五、安靜：抓住間隔，好好換口氣

大家可知道，為了讓聽眾容易吸收講述的內容，句子和句子之間需要**保留充分的間隔**。

然而實際上，許多講者並沒有確實做到這件事。

如此一來不但會降低聽眾的理解程度，還會讓人覺得講者缺乏自信、難以信任、令人懷疑和經驗不足。

會發生這種情況的其中一個原因在於「呼吸」。講者如果有強烈想要表達的想法，使自己處在興奮或緊張的狀態之下，**換氣就會變得很淺**。

換氣變淺，意味著句子和句子之間的間隔就會縮短。

在呼吸變得急促的情況下，除了會增加喉嚨的負擔，伴隨身體的不適，還會發生出汗和臉部泛紅的狀況。結果反而無法以正確且冷靜的方式來講述自己的想法。

許多說話者本身並沒有注意到自己換氣過淺，所以大家應該要提醒自己，要抓住間隔好好換氣。

當講述的內容來到希望聽眾能注意的地方時，可以在結束上一句話之後，到開始進入下一句話之前，**停留五秒鐘**。

不論是演講或口頭發表，在說話過程中出現的「五秒鐘」，其長度會比我們平常所感受到的五秒鐘來得更久，但我們不需要害怕這段時間的寂靜。

對講者來說，這五秒鐘雖然會感到很漫長，但正因為有這段安靜的時間，才能讓聽眾把注意力放在接下來的內容，提高他們的興趣和關心程度。前面提到的歐巴馬總統的演講中，在出現「Hibakusha」這個詞彙的句子之前，一樣也有五秒鐘的間隔。

六、韻律：讓聲音有抑揚頓挫

為了有效地來進行口語表達，我們需要懂得如何讓聲音充滿韻律（抑揚頓挫）才行。韻律擁有能使聽眾集中注意力，讓說話者正確地傳遞訊息，並促進理解的效果。

能讓聲音有抑揚頓挫的方法雖然不少，不過在前面的內容中多少也介紹過一些了，所以這裡以總結的方式條列如下。

- 將精挑細選的詞彙，以合適的語調清楚地發出聲音。
- 以短句來區分出所要傳達的內容和意義。
- 以維持較低的基本音高為基礎，進一步做到高低自如地使用聲音。
- 注意別讓自己的音高變高。
- 請勿在不合適的地方提高音調（提問或希望聽眾做出回應時例外）。

- 設定好基本節奏，有效地來調節語速上的變化。
- 找出適當的間隔，藉由安靜的空檔來吸引聽眾的注意和關心。
- 盡量避免讓聲音出現過度的抑揚頓挫。
- 不要在句子和句子之間加入「ㄟ……」、「嗯……」、「這個嘛……」這些聲音。

為了讓自己的聲音能充分發揮出力量，就得學會如何組合運用這節所提到的六個重點。

如何去設計個人的聲音，對想要傳播出去的訊息、渴望傳遞的情感以及針對目標對象（聽者）進行分析，將成為今後靠聲音吃飯的公司需要對其採取策略性研究的課題。

智慧型助理Alexa和Siri的聲音，到目前為止仍有許多待改進之處。能製作出成功聲音的聲音口語策略，是唯有我們人類才能做到的事。

第7章——健康、生產力和聲音力量

一天二十四小時中，聲音和我們之間存在著密不可分的關係。

聲音可分為三種類型，其一是我們有意識去聆聽的聲音，其二是我們無意識間聽到的聲音，其三是非出於自願，但卻被迫接收的聲音。

第三種聲音會讓人感到不舒服，也可以用「噪音」來表示（正如在第二章所提過的，**noise**並不等於噪音）。噪音的定義為「特指巨大或會讓人感到不快，並會造成身體出現不良狀況的聲音」。

噪音也具有力量，但噪音的力量和本書到目前為止所論及的力量不同，它是負向的能量。

BGN（Background Noise，背景噪音或背景雜訊）是人們雖然不願意，但卻會接收到的聲音。這種聲音不但會破壞空間內的舒適感，**它的能量甚至還會對人體健康產生負面影響，並降低生產力**。

然而目前大家對噪音中具有的負面能量仍然所知甚少，結果造成日本現在的聲音環境之惡劣已達公害等級了。

難以視而不見的BGN危害

請大家回想一下在外頭吃飯時的情景，你們還記得自己聽見了什麼聲音嗎？

是不是有腳步聲、隔壁桌的談話聲、餐具所發出的聲音，或者從廚房裡傳出來的聲音呢？

事實上在過去的二十年中，**世界各地餐廳裡的背景噪音級數，有不斷上升的趨勢**。

在二〇一八年的《查氏餐館調查》（*Zagat Survey*，評價餐廳的書籍）對顧客所做的調查中，客人對餐廳所提出的客訴裡，背景噪音的問題已經超過了服務態度不佳等項目，位居第一名[17]。

BGN評價系統

80分貝以上	環境非常吵雜
71至80分貝	客人說話時需放大音量
60至70分貝	客人能開心地交談
未達60分貝	安靜

不論餐廳準備了多麼新鮮安全的食材、可口的佳餚、精緻的擺盤或優良的服務，只要背景噪音的級數過高，就會讓顧客對餐廳的印象大打折扣。

日本人其實不太在意餐廳內的背景噪音級數，可以從在刊登餐廳評價的網站中，很難找到有關「聲音」的訊息看出這一點。

但像是紐約、洛杉磯和倫敦等都市，評論家們**不只把關注焦點放在食物的品質上，還會定期追蹤餐廳裡的BGN級數**。

例如《紐約時報》（*The New York Times*）等報章媒體就採用了BGN評價系統（如上方表格所示），作為評價餐廳時的參考依據。

今天，客人選擇餐廳的基準，已經不單只是店家能否端出對身體無負擔又安全的食物而已，該餐廳是否能提供和一起出門的同伴開心交談的空間，也成了列入考量的因素之一。

大家下次在選擇餐廳時，別忘了把聲音環境也納入考慮。

餐廳裡究竟有多吵雜呢？

為什麼餐廳裡的聲音會年復一年越來越吵雜呢？經過調查後發現，原來背後有很多原因參雜其中。

就以餐廳裡的裝潢為例，許多高人氣的餐廳裡都會使用時髦的室內裝飾，然而因為這些物件表面的材料大都很堅硬，所以容易反射聲音。

進一步來說，大部分重視時尚設計品味的餐廳裡，原本就存在多種音源，例如背景音樂造成的回聲和餘音、客人和服務人員的走動聲、從廚房內傳出來的料理聲和掃除的聲音、客人的談話聲等。這些聲音的共鳴和反射，都會增加店內背景噪音的級數。

各位讀者可知道，實際上餐廳裡的背景噪音級數是多少嗎？

一般來說，能讓客人們好好聊天的ＢＧＮ介於五十五至六十五分貝之間（相當於淋浴時的聲音），而高人氣餐廳裡的ＢＧＮ則至少在八十至八十五分貝之間（相當於髮廊使用吹風機或是除雪機和機車發動引擎時的聲音）。而到了餐廳忙碌的時段，ＢＧＮ甚至可達九十分貝（相當於道路施工的挖土機聲）以上。

享受人氣爆棚的餐廳所提供的豪華大餐，但品嚐地點卻位於建築工地旁，想必不是一個令人愉快的用餐體驗。

除此之外，高ＢＧＮ級數的環境，還會對人體造成不好的影響。

噪音不但會減損料理的美味程度，還會讓人越吃越快

在吵雜的環境下用餐，不但讓人覺得不舒服，甚至連食物的味道感覺也比平常遜色不少。會出現這樣的現象，並非只是因為人們受到「好吵，真討厭」的心情所影響，而是噪音的確能改變我們的味覺。

關於上述內容，會在第八章「聲音力量影響味覺和口感」做詳細的介紹。這裡只要先記住，當BGN級數達到八十至八十五後，人們的味覺確實就無法正常發揮作用了。或許這個事實會讓讀者們頗感意外，但**聲音確實改變了味覺的感受**。具體來說，會出現以下這些現象。

● 不易感受到甜味和鹹味

● 對鮮味變得較為敏銳
● 容易覺得食物乾乾的

這些結果都會使客人在品嚐食物時感受到的滋味，和廚師原本所預想的出現落差。

除此之外，目前已經知道，在ＢＧＮ級數較高的環境下，客人用餐時咀嚼的次數也會隨之增加，這意味著噪音會加快人們用餐的速度。

好不容易才等到的美味佳餚，不但味道走樣，用餐時又狼吞虎嚥，是不是太可惜了呢？

雖然在吵雜的環境下客人會多點些酒，翻桌率也會提高，但……

接著我們把視線從餐廳移到酒吧。

根據研究BGN級數和酒精飲料攝取量的研究表示，隨著BGN的級數增加，**客人喝完一杯酒的時間也會隨之縮短，而且還會加點更多其他種類的酒**[18]。

從店家的角度來看，提高BGN確實可以讓酒水賣得更好，還能縮短客人的用餐時間，以達到增加翻桌率的效果。話雖如此，難道提高BGN就是提升銷售業績的好方法嗎？

顯然這樣是行不通的。

對來店的顧客來說，火速解決一餐肯定稱不上舒適的體驗。而客人之所以會想多喝點酒，原因出自於由高分貝背景噪音所帶來的壓力。在高ＢＧＮ級數的環境下，人們之所以會快速地攝取較多的酒精飲料，只是為了迴避壓力所產生的行為結果。

抱怨用餐環境過於吵雜，一直是餐廳遭到客訴的主要原因之一，此外噪音還會影響客人的味覺，使他們嚐不出廚師想提供的味覺體驗。除此之外，背景噪音還會讓客人們很難好好聊個天，讓他們覺得待在店裡並不舒服。由此可知，餐飲業者最好還是別打高背景噪音的算盤為妙。

在從事聲音設計時，需要綜合考量到許多不同的因素。**我們不能短視近利，只為取得暫時的亮眼業績，而忽略了採用永續的經營模式。**

事實上也有研究指出，某些個案把ＢＧＮ設定在容易交談的數值，並搭配和緩的節奏，結果不但延長了客人待在店裡的時間，還提升了酒類、咖啡、紅茶以及甜點的銷售業績。

由此可知，在弄清楚了自己想呈現的主題、理念和目標客群後，有策略地來設計店內的聲音環境，才是正確的方法。

雖然有點岔題，但大家如果想在燈光美氣氛佳的酒吧裡，品嚐美味的香檳、紅酒或雞尾酒，同時享受和同伴的聊天之樂，那麼請記得一定要選擇ＢＧＮ較低的店家。因為在這樣的環境下，雙方才能好好地傾聽對方說話，讓對話更加順暢。另外還有一點要特別注意，記得不要喝太多而失態了。

抑制高BGN的作法

本章開頭曾提到，噪音在當今的日本，稱其為一種公害也不為過，而這並非只是我個人的想法而已。

世界衛生組織也已認定，噪音是會嚴重危害人體健康的主要問題之一[19]。

例如，在ＢＧＮ級數高達八十五分貝以上環境中工作的人，容易產生因噪音壓力所引發的頭痛、自律神經失調、失眠以及血壓忽高忽低等健康上的問題，出現重聽等聽覺障礙的風險也會增加，進而降低生產力。

為了讓員工能在安全又健康的環境下工作，並能維持住生產力，業者需要對ＢＧＮ進行控管。

回到餐廳的例子，在周遭都是聲音的環境中，該怎麼做才能解決店裡吵雜的問題呢？

這一節將以我幫餐廳做的諮詢案件為例，向各位讀者介紹抑制BGN的方法。

內容雖然有點長，但相信能幫助大家認識（不限於餐飲業）有關聲音反射和吸收的基本原則。

首先讓我們來看看餐廳裡的聲音環境。

許多餐廳都會根據自身的經營理念來做室內裝修，例如採用木質或鋪設磁磚的地板、金屬製的電器裝飾或固定設備、讓空間看起來更寬敞的佈局、開放的廚房、採光佳的窗戶或是玻璃結構的建築外觀等，設計的形式相當多元。

在這樣的空間裡會有各式各樣的聲音（震動）相互產生回音，例如服務人員的說話聲、廚房裡廚師們製作料理的聲音和交談聲、顧客和服務人員的移動聲、每張餐桌的顧客聊天以及餐具發出的聲音、店裡播放的背景音樂、冷暖氣機的風扇聲以及空調的室內外機產生的聲音等。

為了抑制背景噪音，**店家需要平均地使用到外表堅硬以及柔軟的材料**。能夠吸收聲音的材料，對於防止店內產生回音可以發揮相當不錯的功效，且一般來說柔軟的素材會比堅硬的素材吸收更多聲音。

在出入頻繁之處配置隔音地毯

第一步，**我們要鎖定出入頻繁的區域**。雖然餐桌的平面配置每家店都各不相同，但總體而言，店門口的接待處、廁所的出入口以及廚房的出入口等地方，都是放置隔音地墊的候補地點。如果店裡有附設吧檯的話，也得將其列入。

由於顧客基本上都是坐著的，所以用餐空間基本上沒有出入頻繁的問題。

找到出入頻繁的區域之後，為了降低該區域人員往來的聲音，可以選擇在這些地方鋪設柔軟的地墊以達到目的。

在窗戶加裝窗簾

雖然玻璃窗能夠讓自然光透射進來，使店面裡外都明亮，是非常有魅力的設計，**但玻璃可是會反射聲音的**。因此玻璃窗邊的ＢＧＮ數值需要特別留意。

窗簾或百葉窗除了可以裝飾店內空間，還能互相抵銷反彈回來的聲音，因此可以達到緩和ＢＧＮ的作用。

厚重的皺褶布窗簾雖然具有更佳的吸音效果，但它不一定能配合店家想呈現的主題或精神。而布料輕薄的窗簾，其實也可以發揮出不錯的功效。

如果餐廳的位置是在交通量較大的馬路、高速公路、火車線路、直升機和飛機的飛行路線附近，室外的噪音比較嚴重的話，就需要安裝雙層隔音窗來應對了。

擺設綠色植物

植物的樹葉、莖、枝幹和木質的部分都能吸收聲音，因此設置一面綠色植生牆（Green Wall），會有降低背景噪音的效果。

另外像大型植物的箱型植栽盆裡，因為裝填了能夠有效吸收聲音的堆肥，因此放置在店裡除了能當作裝飾外，還可以改善聲音環境。在配置上，放在角落的空間會比中央位置更能帶來顯著的效果，這是因為經由壁面反射的聲音可以直接被植物接收。

至於店外，在空調的室外機等會發出噪音的音源周邊擺上幾棵植物，將其包圍起來，也是一種有效的處理方式。

植物除了能吸收噪音，還能淨化店面裡外的空氣。像日本石櫟（Pasania）[1]這類植物，不但能起到防火和防風的功用，同時因為它是樹型美觀的常綠樹種，所以能為人們帶來視覺上的美好體驗。

天花板、牆壁和地板的防回音對策

厚實的地板，加上店內其他由花崗岩、大理石、鋼鐵等材料所構成的堅硬牆壁和天花板，**都會使聲音在地板、牆壁和天花板間產生反射，形成噪音**。在這樣的環境下，以下列舉的多種聲音會使情況更加惡化。

- 步行聲
- 客人入座時，移動椅子的聲音

- 使用餐具時發出的聲音
- 客人在飯桌上聊天的聲音
- 店內播放的背景音樂
- 靠近天花板附近的空調（冷暖氣）葉片所發出的聲音
- 從廚房裡傳出的烹調、餐具碰撞、機械運轉、洗碗機的聲音，以及廚師們交談的聲音

對於這樣的問題有幾種解決方法，例如在天花板鋪設吸音磁磚（或柔軟的布），或在頭頂上方安裝吸音板。

另外在牆壁上安裝布面的壁板也能有很好的效果。

I 日文漢字寫作「馬刀葉椎」或「全手葉椎」。

選擇桌椅時，將聲音列入考量的因素

如果店內的地板很硬，又搭配上材質同樣很硬的椅子，這樣當客人在收、拉椅子時，就容易發出很大的摩擦聲。

例如：商場裡的美食街即為上述情況的典型案例，在這種地方，我們很容易聽到「吱－」、「嘰－」這種像是指甲刮黑板的聲音。

但其實只需要把椅腳套上毛毯的邊角料、市售的毛氈布料或橡膠材質的桌椅腳套，就能降低背景噪音。

從吸音的觀點來看，用布罩住椅子是有效的作法，但如果布料材質不適合店裡的設計風格，可以將膝蓋毯掛在椅背上使用，也不失為一種待客服務。

如果餐桌的表面是堅硬的木頭或金屬材料，在放置餐具、刀叉、筷子時所發出的聲音，也會成為惱人的噪音源。面對這種情形，雖然鋪設桌巾會是最佳的選擇，但如果這樣會和店內的風格有所衝突的話，也可改用餐具墊或大型的葉子來鋪墊。

另外像用來冰鎮紅酒的冰桶裡放置的冰塊，也是噪音的來源之一。但如果改用冰袋的話，不但能提高吸音效果，還不需使用到製冰機，更進一步減少噪音的發生。

前面所提到的各種聲音，如果都是各別出現的話，或許不會那麼引人注意，但當這些聲音重疊在一起，就會使店裡的背景噪音惡化。

如果不想讓這些各別的聲音集結在一起成為惱人的背景噪音，就要改變既有的觀念，**從去除單一的聲音開始著手**。

隔離電器設備

將製冰機、啤酒機、義式咖啡機和攪拌機等電器用品，遠離**主要用餐空間**也能有效降低背景噪音。

此外，在這些電器用品的下方鋪設吸音材料，並在其側面安裝吸音板，也能達到一定的效果。

廚房四周配置柔軟的素材

切菜時發出的「咚咚」聲、用平底鍋做料理時發出的「滋－」聲、鍋子裡煮東西時發出的「咕嗞咕嗞」聲以及擺設餐具時發出的「鏗鏘」聲，以上這些聲音都是能引起人們食慾的「開胃聲音」（Appetite Sound）。

餐廳裡的營業用廚房和家庭內的廚房相當不同，和做菜的動作相伴產生的聲音、清洗餐具時發出的聲音、商用冰箱內壓縮機的運轉聲等，這些讓人感到不舒適的聲音都是會在營業用廚房出現。

因此在餐廳裡，廚房和客人用餐的區域間應該要安裝隔音門，來降低背景噪音。

最近我們經常會看到許多餐廳採用被吧檯座位包圍的廚房（開放式廚房）。雖然這類型的廚房能提供製作料理的實況演出，但其產生的噪音問題也不容忽視。

在這種設計配置下應特別留心，別在廚房和將其包圍住的吧檯之間**放置金屬材質的平底鍋、鍋子、義式咖啡機等表面堅硬的物體，以及會發出聲音的機器**。

用來阻隔飛沫的塑膠擋板（斜放於餐點放置區域的透明板子）如果能採用布料等柔軟的素材，不但能兼顧本來對衛生面的要求，還能起到吸音的效果。

附帶一提，像紅酒瓶這類玻璃瓶如果拴著栓子就會反射聲音，但如果拿掉栓子讓瓶口保持打開狀態的話，反而能產生吸音的效用。在歐洲一些歷史悠久的教會裡，之所以會用紅酒瓶來圍繞壁面，其目的也在於此。

開放式辦公室的噪音問題

接下來這一節讓我們來檢視一下辦公室裡的聲音環境。

當人們在設計辦公室的時候，有效率、有生產性、能讓眾人共同作業以及有效的空間配置，是大家所追求的目標。可是在這樣的想法中，聲音環境似乎並沒有被列入考慮。

舉最近時興的開放式辦公室（Open Plan Office）來說，這種辦公室充滿朝氣也很時尚，人們在這樣的空間裡很容易溝通，而且因為沒有隔間，所以在心態上更願意相互合作。同時，這樣的空間配置，還能確保有充足採光的優點。

可是從另一面來看，開放式辦公室內的ＢＧＮ較高，這對員工們的生產力和身體都有可能帶來不良的影響。

辦公室空間的背景噪音，主要為以下這三種。

- 對話噪音：從會議空間到可以喝杯咖啡的休閒空間，電話或辦公室內其他人的談話聲，都會讓正在埋頭工作的人分心。
- 機器噪音：印表機和影印機的聲音，電腦鍵盤發出的「喀噠喀噠」聲，以及電腦螢幕（幾台並列的電腦螢幕，說是聲音的反射器也不為過）和空調（冷、暖氣機）等造成的聲音。
- 外部噪音：從（空調的）室外機發出的低頻噪音、車輛發出的聲音、附近的土木工程以及其他公司的辦公室和機構發出的聲音。

開放無阻的開放式辦公室空間很容易反射聲音，形成刺耳的環境噪音（回聲）。

吵雜的職場環境不但對員工身體有害，還會降低生產力

根據斯克斯（Steelcase）和益普索（Ipsos）兩家公司所做的調查顯示，因辦公室內的背景噪音問題，**每天會造成八十六分鐘的時間被浪費**[20]。世界衛生組織（WHO）也表示，英國每年員工因職場環境的噪音（背景噪音），造成身體不適（例如罹患憂鬱症等），最後甚至停職（勞動日數減少），為此所支出的醫療費用和生產力的降低，**推估每年竟然高達約三百億英鎊**。

可見辦公室裡的噪音問題，單從經濟面來看，就是一個必須盡快解決，刻不容緩的問題。

不論是在共同作業、分享概念或進行溝通上，開放式辦公室的設計都相當合適且優秀，但在其空間配置（設計）中，卻隱藏了可能對生產力和員工健康造成損害的可能性。

例如有些研究報告就提出了下列的問題。

- 沒有隔間的辦公室裡，所有的聲音都會聽得一清二楚。在不管願不願意，都會聽到電子機械和同事的動作或對話聲的環境下，員工們的**生產力會顯著下降**[21]。
- 當人們專心在手頭上的工作時，如果聽得到雜訊或背景噪音的話，**就會造成注意力的渙散**。待在這樣的環境中，不但很難恢復原本的注意力[22]，連讀寫的速度和正確度都會下降[23]。
- 若在開放式辦公室的BGN環境下工作三個小時，腎上腺素（對壓力會產生反應的激素）的數值就會上升。員工雖然坐著，但身體會往前屈，如此一來就容易出現腰痛或椎間盤突出等**筋絡和骨骼方面**

的病症[24]。

- 就算不是連續待在高BGN的環境下工作，人體還是會出現**壓力反應**（例如壓力激素中的皮質醇濃度上升），女性的經痛症狀也可能與此有關[25]。
- 在沒有隔間的開放環境中，自己和他人交談的內容以及工作時發出的聲音，很容易就會被別人聽見，這又引申出了「聲音隱私權」（Sound Privacy）的問題。根據雪梨大學（The University of Sydney）的研究顯示，員工最大的不滿就是**缺乏聲音隱私權**[26]。

降低辦公室內BGN的七種方式

我們大多數人的一天中，有大半的時間在辦公室裡度過，因此辦公室裡的聲音環境才會顯得如此重要。那麼當我們要設計一個辦公室的空間配置時，到底該怎麼做才好呢？

一、地板要選用柔軟的材料

地板表面若是堅硬的木材和磁磚，會讓員工在上面行走時發出很多聲響，因此**應該選用柔軟，或是經過加工後具備充分吸音、隔音效果的地板素材**，以降低背景噪音。

若辦公室已經是堅硬的地板，則可以在上面鋪設具有吸音、隔音效果的方塊地毯（Carpet Tile）來改善。

二、隔離電子設備

印表機和影印機雖然離自己工作的位置越近越方便，但這些電子設備運轉時也會產生噪音。儘管印表機和影印機的製造商已開發出靜音模式，大幅降低了影印時會發出的震動音，但不可否認這些聲音仍是背景噪音的重要組成之一。

因此把這些電子設備**放置在和員工工作空間有所區隔的地方**，會是比較理想的作法。

三、設置寂靜空間

雖然不存在完全解決辦公室背景噪音的根本方法，但當員工得處理難度較高，需要集中精神的工作時，可以透過打造「寂靜空間」（Silent Space）的方式，讓員工可以**避開BGN，在能夠集中心力的環境下作業**，並提高其生產力。

此外，設置外形像電話亭但又具有隔音效果的「辦公室立方」（Office Cube），也不失為一種解決方法。

四、設置具高度隔音功能的有聲空間

和寂靜空間的概念相反，為小組會議、訓練地點和需要密集交換意見的談話等需求設置一個「有聲空間」（Loud Space），**就能讓人們在不用顧慮到周圍環境的情形下，展開熱烈的交流活動**。

但這種聲音空間因為需要具備極佳的隔音效果，因此若是想把既有的會議室改裝成聲音空間的話，還需要在地板上鋪設隔音材料或隔音毯，並在牆壁上安裝隔音板才行。

五、安裝隔音板

安裝隔音板或隔音天花板等**經過特別設計能夠吸收聲音的隔音裝置**，是一種ＣＰ值很高的作法。這些隔音裝置還可以達到妝點辦公室的作用，可以有多樣的應用。

如果辦公室裡不太適合安裝隔音板，也可在牆壁掛上柔軟材質的掛毯（Tapestry）等，來降低背景噪音。

六、擺設植物

和抑制餐廳裡的背景噪音作法相同，擺設植物一樣能發揮吸音的效果。

擺設在辦公室裡的植物除了能降低噪音，也具有改善氧氣質量和調節濕度等清淨空氣的作用。另外植物還能增加辦公室的設計感，帶來放鬆的效果，有效地緩解員工的壓力。

七、使用能掩蓋BGN的聲音

標題乍看之下可能會讓大家覺得有點矛盾，但透過在辦公室內既有的BGN環境裡**加入其他聲音，使其掩蓋過原本已經存在的背景噪音，確實能讓人覺得變安靜了**。

舉例來說，「叢林」這段文字被「叢林」給蓋住了，「叢林」在前方能夠看得清楚，但「你好」則不容易辨識。和這個例子的道理一樣，使用其他聲音來掩蓋背景噪音，就是讓人不易聽見既存背景噪音的作法。

「白色雜訊」一般被認為是用來掩蓋背景噪音的選項之一。但若把白色雜訊的頻率提高到能有效掩蓋辦公室裡人聲的音量時，卻有可能會變成令人感到刺耳的第二BGN。

然而如果是使用把「粉紅雜訊」和自然的聲音有效地組合所製成的聲效（Sound Effect），除了具有掩蓋背景噪音的功效外，還能藉由加入溫暖的陽光、在遠處的潺潺流水聲、蕩漾的綠意和遠方的鳥囀等效果，打造出一個讓人感到舒適的環境。

進階的作法還有在不同時間點做聲音的變化，以達到時間管理的效果。例如在一天工作結束的三十分鐘前和十五分鐘前，播放不同類型的鳥鳴聲，或是在迎接周末的下班之前，播放其他動物的聲音或者由樂器單獨演奏的旋律等。

我經常被問到，如果要掩蓋背景噪音，使用巴哈和莫札特的古典音樂、柔和爵士（Smooth Jazz）或曲調平靜的西洋音樂，分別能帶來什麼樣的效果。老實說以上這些音樂都只會「附著」在既有的BGN上，所以都不適合。

要想降低辦公室裡的ＢＧＮ，最好的作法其實莫過於在設計之初，就把聲音、環境和會對員工的心理所產生的效果等一併考慮進去。不過就算是已經完成的辦公室，還是能靠導入上述所介紹的七種方法，來改善既有的空間環境。

為了維持員工的生產力、身心健康以及對公司的忠誠度，採用改善辦公室聲音環境的方法，和其他的福利措施比較起來，**在ＣＰ值上肯定比較高**。

對治噪音是永續成長的策略

日本直到目前為止都沒有去正視噪音問題，因此想要對其做出改善，執行起來並不容易。

所以我認為，可以**把對治噪音的方法視為經營策略的一環來思考**，而其中的關鍵在於「ＳＤＧｓ」。

二〇一五年在聯合國的會議中提出了「為了實現永續發展的可能，國際社會需共同遵守的十七項目標及一百六十九個細項目標」後，近年來ＳＤＧｓ（Sustainable Development Goals，簡稱ＳＤＧｓ，永續發展目標）這個詞彙，開始逐漸為人所知。

在過往的商業環境裡，大家都只把注意力集中在會成長的領域，但在納入同樣能帶來經濟效益的ＳＤＧｓ後，企業可以透過原本就在做的事情和商業活動，來提高自身的企業和品牌價值，增加去實踐CSV（**Creating Shared Value，創造共享價值**）的機會。

以企業長期的生存策略角度來看，從過去公司把賺取到的利潤拿出來回饋地方的CSR（Corporate Social Responsibility，企業社會責任）轉移到CSV的思考方式，是極為重要的思想變化。

而這對解決辦公室裡的BGN和低頻噪音問題，以及年復一年日趨嚴重的憂鬱症等心理健康問題，都是重要的配套措施之一。此外，不僅限於辦公室內，雇主若可以提供員工一個沒有噪音危害的勞動環境，不但能提高員工的生產力還能降低離職率，產生巨大的經濟利益。

聲音環境的問題，是今後眾多企業都必須要「聽仔細」的課題。現在正是我們應該實踐永續（Sustainable）的理念，透過減少無用的聲音來打造健康、富足生活的時候。

日本是聲音環境議題的落後國家

雖然很遺憾但我必須承認，日本國內的聲音環境真的很糟糕。

說這種話得拿出證據：二〇一八年，世界衛生組織公布了「環境噪音指南」（Environmental Noise Guidelines）[27]，該指南的內容和日本政府制定的環境基準[28]之間，存在著巨大的落差。

就道路交通的數值來看，世界衛生組織的指南中提出的注意數值為五十三分貝，但日本的環境基準卻為七十分貝（白天的幹線道路）。

談到噪音，到目前為止一般人大多認為主要應該是經營工廠、機械製造或運輸車輛相關的企業所要面對的問題。然而實際上，**這件事和我們生活的所有面向都有關係**。

今後，期待多數的企業都能認真地去面對噪音的問題。

電車的噪音問題

在日本的都會地區，有很多人得花很長的時間搭電車來通勤通學。據說還有小學一年級的學生，天天都得花三個小時左右在電車上。

日本的地下鐵和電車內的ＢＧＮ約在八十分貝，急行和特急[II]列車通過時，會上升至一百分貝，而在乘客較多的通勤通學時間，分貝數更高達一百一十至一百二十。

一般認為，八十五分貝以上的聲音，就有使人產生「噪音性聽力喪失」的危險性。另外美國國家環境保護局（ＥＰＡ）[29]表示，聆聽一百一十四分貝的聲音四秒以上、一百一十七分貝的聲音兩秒以上或一百二十分貝的聲音一秒以上，都會增加人們出現聽覺障礙的風險。

如果人們長期處在高分貝噪音的環境裡，**出現頭痛、失眠、自律神經失調、抑鬱、注意力低下、倦怠和認知障礙等問題的健康風險，也會隨之**

提高。

然而對通勤的上班族和學生來說，因為電車是不可或缺的移動工具，所以就算想避開也避不了。在這種情況下，人們只能使用耳罩式耳機、降噪耳機或耳塞來遮蔽噪音，保護自己。

紐約在最新式的地下鐵（MTA）中，已積極採用降低交通噪音的措施[30]，並大幅改善了BGN的問題。

期待日本的大眾運輸系統也能在降低BGN這件事上更有所作為。

低頻音所造成的問題

人類的聽覺對低頻音（較低的聲音）比較不敏感，在BGN較低的情

II 「急行」和「特急」為日本列車的分級制度，因鐵道公司不同名稱也會略有改變。

況下，**有時甚至感受不到原來有噪音存在**。

當你覺得「最近總感覺身體哪裡不對勁」時，或許罪魁禍首正是低頻音也說不定。

如果人們長時間暴露在低頻音的環境下，出現頭痛、失眠、注意力衰退、肩膀僵硬、倦怠感、心悸、頭暈、血壓上升、消化道疾病、過敏、不孕、婦女病和聽覺障礙的風險就會上升。

此外還有研究報告指出，低頻音會增加人們的疲勞程度，威脅到我們的身體健康，還會增加人為錯誤（Human Error）的發生[31、32]。

低頻噪音（Low Frequency Noise，簡稱LFN）不只出現在工廠的燃燒裝置、高架道路和風力發電機，其實它就近在你我的生活中。

辦公室、學校、醫院、特定的機構和自家等我們會長時間待著的地方，大都有安裝空調和冷暖氣，而這些機器也都有室外機。

在ＢＧＮ較高時，我們可以清楚聽見機器發出「轟－」這種低沉的聲音，但在ＢＧＮ只有四十分貝的狀況下，**人們有可能會出現無法清楚聽到這種聲音的情形**。

其實之前我也在更換了新的冷暖氣機後，身體就出現了頭痛、倦怠感、喘不過氣和失眠等症狀。

雖然上述症狀在剛出現時，我覺得可能是自己有點疲勞或正逢季節改變，所以並沒有太在意，但後來發現只要有使用暖氣的那一天，就容易出現這些症狀。

當我覺得事有蹊蹺後，就決定用低頻音測量器來找出造成我身體不舒服的原因，結果正如所料，裝設於緊鄰房間的室外機測出了低頻音。

而在我更換了室外機內部的壓縮機後，前述那些惱人的症狀也跟著消失了，低頻音果然是整件事的罪魁禍首。經過這次經驗，我親身體驗到低頻音對人體所造成的危害。

因為掩蓋聲音這一招對緩解低頻噪音效果甚微，所以目前用於對付低頻噪音的方法，主要有以下這幾種。

- 在室外機下方安裝吸音、隔音板
- 改變室外機的方向
- 在室外機周邊擺設植物
- 不要長時間和室外機「近距離接觸」

我們經常會把關注的焦點都放在ＢＧＮ上，而忽略了低頻噪音所產生的問題。目前市面上已經有簡單就能檢測低頻音的ＡＰＰ，既然都有這麼方便的工具了，大家不妨也豎起自己的耳朵，來注意身邊的低頻音吧！

過於安靜也不好

雖然一般人對背景噪音是避之唯恐不及，但這並不等於人們就喜歡寂靜的環境。事情不是非黑即白，而這也是聲音問題困擾人的地方。

例如當我們待在一間過於安靜的餐廳裡，很容易就會聽到隔壁桌客人的談話內容，這意味著我們的聲音也會被隔壁桌的人聽得一清二楚。一個空間裡如果過於安靜的話，其實**會侵犯到個人的隱私**。

在這樣的環境下用餐，咀嚼和嚥下的聲音還會顯得特別明顯。

幾年前我曾和友人偶然造訪了位於東京都內的某間小咖啡店，這間咖啡店裡不論是背景音樂或客人的交談聲，無不小到令人感到吃驚，迴響在店內空間的，只有老闆沖泡咖啡的聲音而已。

待在這個和朋友交談都覺得有罪惡感的空間裡，雖然能讓感官享受到店長認真沖泡咖啡時所產生的香氣，但店長的動作所發出的聲音、客人喝咖啡的聲音和咖啡杯碰到茶杯碟時發出的「鏘－」一聲等，全部都迴盪在室內空間，產生一種難以言喻的緊張感。因為在這樣的環境裡我無法品嚐咖啡的味道，所以對這家店也只留下「待在那裡感覺不自在」的回憶而已。

和個人空間（Personal Space，人和人之間需要保持的空間和距離）一樣，我們和他人之間也有**「聲音個人空間」**。

當我們待在家裡時，不太會去注意家人們吃東西所發出的聲音，也不會把注意力放在自己咀嚼和嚥下的動作上。但在社交空間裡，相較於聽到別人發出的聲音，自己發出的聲音被別人聽見，更會感到不太自在。

噪音的相反並非寂靜，重點在於某個空間裡是否有適合該地方的聲音設計。

當我們要設計「安靜」時，需要打造出符合該空間所需的「安靜程度」才行。唯有先存在一個經過設計的安靜空間，我們才有可能去享受「安靜的」空間。

回到前述的咖啡店，如果經營者能對「安靜的」空間進行設計的話，那麼研磨咖啡豆或手沖咖啡時發出的聲音，都能讓咖啡本身變得更加美味，讓客人對該店留下能在遠離城市喧囂的環境中，放鬆地享受一杯美味咖啡的回憶。

第8章 聲音力量影響味覺和口感

當看到「聲音會影響味覺」這段文字時，或許大家一時還很難相信吧！然而已經有越來越多的證據顯示，聲音和味覺之間確實存在著緊密的關聯。

視覺、觸覺、嗅覺、聽覺和味覺這五感的相互配合，會對人們的感覺產生影響。像聽覺和味覺這樣由兩種以上相異的感覺相互作用後產生的知覺，稱為**「跨感覺整合知覺」**（Cross Modal Perception）。

人們在感知甜和鹹等味道時會用到的訊息，其實不只來自於口腔內舌頭上的「味蕾」而已。味覺事實上也受到食物和飲料的顏色、形狀、氣味、嚼勁的影響，還有來自環境聲音（吃東西時聽見的外部聲音）和自己在咀嚼時發出的骨傳導音所影響。

近年來許多研究人員投身在這個領域，不斷重複進行研究。接下來我們將會介紹其中聲音和味覺之間的相互作用。

飛機餐的味道，到底哪裡不一樣呢？

不知道大家對飛機餐的印象如何呢？我想對其印象不佳的人應該不少吧！然而主要的問題其實並非出在航空公司提供的餐點上，那麼問題到底出在哪裡呢？說來大家可能很難相信，竟然是和機艙內的聲音有關。

二〇一四年時一項名為「機艙內的噪音和鮮味」[33]的研究調查顯示，機艙內的聲音會降低人們對甜的感受。到了二〇一五年進一步發現，機艙內的噪音（白色雜訊）會抑制乘客對甜的感受，提高對鮮度（Umami）的感覺[34]。

飛行在距離地表一萬公尺高空中的噴射機機艙內，聲音約在八十一至八十八分貝之間（介於平日大都市的道路交通和推土機運轉聲之間的音量）[35]。若再加上引擎等飛機本身所製造出來的聲音，以及空調系統的扇葉、乘客的談話和動作、空服員的廣播等聲音，機內空間就充滿了大音量的白色雜訊。

由此可知，**機上餐之所以不受好評的原因，和機艙內一刻不間斷且高達八十五分貝的「白色雜訊」有關**。

在飛機上就想喝番茄汁

據說許多飛機上的乘客都喜歡點番茄汁和血腥瑪麗（Bloody Mary，在伏特加酒中加入番茄汁，然後用檸檬和鹽來調味的雞尾酒）來喝。為什麼會有這種現象呢？其實從前面所提到的研究結果，就能發現箇中原因了。

因為人們在高BGN的環境中，對「鮮味」的反應會比較敏感，而番茄汁中因富含許多鮮味成分，所以不少機上乘客會點番茄汁或血腥瑪麗來喝，並非只是偶發的現象而已。

下次大家搭飛機時，在距離地面一萬公尺高的空中，當繫緊安全帶的燈號消失，周遭環境充滿高分貝的白色雜訊時，要不要試著點一杯番茄汁或血腥瑪麗來喝喝看呢？

以聲佐餐的「聲音調味」

其實當然有人想到，既然在高ＢＧＮ的環境下，人們對鮮度的感受度會增加，那麼何不提供一些富含鮮味成分食材（如帕馬森乾酪、番茄、菇類和海藻等）的菜單呢？

事實上已經有好幾間航空公司注意到這件事了。

例如英國航空在幾年前就已對菜單進行修改，不但增加了不少富含鮮味食材的菜單，**還把聲音對味道所能帶來的調味效果也計算進去，不斷探索實踐「聲音調味」（Sonic Seasoning）的可能性**。

同時享受到音樂和美食的「聲音配對餐」

二〇一四年，英國航空將航班中公布的「插播音樂」（Sound Bite）和飛機上提供的機上套餐互相搭配，特別為乘客挑選了十三首音樂（見下頁）。這可是史上第一次把音樂和食物做搭配，讓人可以同時享受到兩者的「聲音配對餐」（Sound Pairing Menu）呢！

這十三首經過精挑細選的曲子風格特殊，巧妙地讓聽者感受到一種銳意革新的訊息。

雖然並非所有音樂和餐點的配對都很到位，但把會增強甜味感受的高音和能引出苦味的低音[36]，運用在與甜點和巧克力搭配的第八、九、十首曲子，都可稱得上是極為有效地把聲音力量運用在味覺上了。

聲音配對餐

曲目No.	Artist／Sound	Menu
1	Paolo Nutini, 〈Scream（Funk My Life Up）〉	前菜 蘇格蘭鮭魚
2	Antony and the Johnsons, 〈Crazy in Love〉	美味前菜
3	Louis Armstrong & Duke Ellington〈Azalea〉	美味前菜
4	Johnny Marr, 〈New Town Velocity〉	英式早餐（早班飛機）
5	Lily Allen, 〈Somewhere Only We Know〉	主菜　魚&洋芋片 （英式經典）
6	Coldplay,〈A Sky Full of Stars〉	主菜　鹹派 （英式經典）
7	Debussy,〈Clair de Lune〉	主菜　烤肉
8	James Blunt,〈You're Beautiful〉	甜點
9	Madonna,〈Ray of Light〉	甜點
10	Otis Redding, 〈The Dock of the Bay〉	飯後巧克力
11	The Pretenders, 〈Back on the Chain Gang〉	紅酒
12	Hope／BBC Symphony Orchestra／Shostakovich, 〈Romance from the Gadfly Op.97〉	白酒
13	Placido Domingo, 〈Nessun Dorma from Turandot〉	咖啡

聲景也可品嚐

接著再來介紹另一個例子。

芬蘭航空和知名廚師劉一帆（Steven Liu）攜手，開發出能用聲音來讓料理更加美味的菜單。

他們先是在野外錄下小溪的流水聲、花草因風搖曳的聲音、樹梢上鳥兒的鳴叫聲以及芬蘭豐富多元的自然聲音，然後找來實驗心理、食品科學、音樂心理和音樂表現等各領域的專家，以他們所提供的資料、分析內容以及建議為基礎，來創作科學的「聲景」。

這個「聲景」值得一提之處，不只在於已經把機艙內的環境會對乘客的味覺所產生的影響考慮進去，而且**還加入了作為芬蘭航空企業歌的北歐自然風光**。

在這個案例中，聲音和料理的搭配取得了非常好的平衡。

例如風味不好拿捏的「雞湯」，配合的是能提高甜味的高頻音和流水聲，最後完成了一道能突顯出甜味和鮮度，但卻不會讓人感到太鹹的湯品。另外像「燉煮肉丸」這道菜，搭配的是鳥囀、奔流而下的瀑布聲、流水聲，以及發出「劈啪劈啪」的篝火聲。最後呈現在客人面前的，是一道鮮味和鹹度達到完美平衡的佳餚。

航空公司所推出的「聲音與味覺航班」目前才剛起飛不久。我對各家航空公司在該領域更進一步的挑戰，充滿了期待與好奇。

口感的聲音力量

各位讀者應該都同意，咬下去會發出「咔嗞」聲的仙貝，比受潮的仙貝要來得好吃吧！的確，吃東西時會讓我們產生「好吃」的觸發機制，不只存在於甜和鮮等「五味」之中。

食物在我們口中產生的**「口感」，對其「美味程度」也有很大的影響**。

根據調查口感和ＢＧＮ之間關係的研究顯示[37]，在白色雜訊ＢＧＮ越高的環境下，人們越會覺得洋芋片吃起來酥脆。

除了ＢＧＮ之外，高頻音（2khz～20khz[I]）一樣能提升人們在吃洋芋

I khz為千赫茲，hz為赫茲。

片時所感受到的脆度[38]。

等等，充滿白色雜訊和高頻音的高ＢＧＮ環境，符合這些條件的不正是機艙內嗎？這就是為什麼乘客在飛行中喜歡「咔滋咔滋」地大啖洋芋片的祕密了。

由白色雜訊所增強的酥脆口感，其效果並非僅限於洋芋片，萵苣、黃瓜、派和堅果等爽脆的食物，吃起來的口感也會比平常更為突出。

目前航空公司的改變，雖然幾乎還只是把重點放在「味覺」上，但在未來把「口感」也納入考量後的表現著實令人期待。

聲音調味的可能性

聲音對味覺和口感帶來的影響，不只出現在距離地面一萬公尺的飛機上，**陸地上除了巨大的白色雜訊外，還有許多不同的聲音可以用來搭配**。那麼究竟能創造出什麼樣的體驗，大家是不是也很好奇呢？雖然這個領域的研究目前仍方興未艾，不過還是有幾個案例可以向大家介紹。

大吉嶺紅茶

各位讀者可以試試看在兩種不同聲音的環境下，品嚐同一杯大吉嶺紅茶。其一是①會讓肚子內也產生共鳴的中音量低頻音（同時播放音階C1｛32.703hz｝和F1｛43.7hz｝），另一個是②明亮的中音量高頻音（同時播放音階C6｛1046.5 hz｝和A6｛1760 hz｝）。

①低頻音會讓人覺得茶味稍苦一些，②高頻音則會讓人覺得茶味比較溫和醇厚些。

巧克力和咖啡

請大家在嘴裡含著黑巧克力的情況下，一邊聽著①低音（同時播放音階F1｛43.7hz｝和C2｛54.4hz｝的聲音）或②高音（同時播放A5｛880hz｝和C6｛1046.5hz｝的聲音）來比較看看。

①低音應該會讓你覺得黑巧克力的味道較苦，②高音應該會讓你覺得黑巧克力的味道較甜。

啤酒

有研究指出，當我們在喝啤酒時如果能一邊收聽特定的聲音，就能改變啤酒的味道[39]。

當我們在喝啤酒時，如果耳朵聽到的是像長笛這樣音高較高的聲音，就會**感覺到較強的甜味**。另一方面，如果聽到的是會造成腹腔共鳴的低音高聲音，**則會感覺到苦味和酒精濃度被放大了**。

不論是想體驗不同的味道、想改變氣氛或是想試著和料理做搭配，我們可以根據不同的目的，在啤酒中加入名為聲音的調味料。

葡萄酒

一項和葡萄酒釀酒師合作的研究結果顯示[40]，聲音對葡萄酒同樣也會產生影響。

研究的內容指出，如果我們一邊聆聽強而有力的音樂一邊喝卡本內蘇維翁葡萄酒（Cabernet Sauvignon，紅葡萄酒）時，對酒的醇度和厚度的感受，會提升百分之六十。而如果是一邊聽著流暢柔和的音樂，一邊品嚐莎當妮葡萄酒（Chardonnay，白葡萄酒）時，酒的順口和清爽度則會提升百分之四十。

葡萄酒不但能與料理互動，**和聲音的搭配同樣令人驚豔**。

我的團隊也清楚上述的內容，並有策略地將其應用在商業諮詢工作上。工作的內容具體來說，就是配合葡萄酒的種類，找出更能突顯該款酒所具備的特色之聲音，然後把兩者相互配對，並依此來製作企劃案。

把聲音和葡萄酒配對後，注入玻璃杯中葡萄酒的顏色和透明度（視覺）、香氣（嗅覺）、在口中延展開來的味道（味覺）以及手持玻璃杯時的觸感（觸覺），這些人類的五感都會受到刺激。

在五感融合為一之後所體驗到的感覺，將成為喝過這種酒的人長存於記憶中的經驗，如此一來可以幫餐廳和酒行（liquor store）爭取到更多的販售合約的簽訂。

來挑戰聲音調味吧！

讀者們可以使用像是樂器ＡＰＰ等工具，來簡單挑戰一下聲音調味。以下來介紹巧克力的風味探索（Flavor Research）。

①把市售的黑巧克力切成一口大小，然後含在嘴裡。

②按照二一四頁①的作法，一邊聽低音一邊吃巧克力。

③記錄下巧克力的味道。是苦還是甜呢？

④喝口水，清潔一下舌頭。聆聽白色雜訊十秒鐘，讓耳朵歸零（reset）後，更能出現效果。

⑤再放一塊一口大小的巧克力到嘴裡。

⑥按照二二四頁②的作法，一邊聽高音一邊吃巧克力。
⑦記錄下巧克力的味道。是苦還是甜呢？
⑧比較執行①、②時，分別記錄下的內容。

雖然這一節只有以巧克力為例，但若把巧克力換成咖啡、綠茶、大吉嶺紅茶、洋甘菊（Chamomile）茶，甚至是用奶油香煎（Sauté）過的鮑魚肝等，也會出現效果。

風味探索的基本流程就是前述這八項，希望大家能使用各色食材，試試看會得出什麼樣的結果。

熱騰騰、暖呼呼

利用聲音，可以做到讓人感受到已是熱騰騰的料理或暖呼呼的飲料，比實際上更高的溫度。

人類的耳朵能分辨出注入馬克杯裡的是冷的或溫的液體，兩者之間極細微的聲音差異。因溫度不同，液體的黏度也會發生極微小的改變，當注入杯中的是溫熱的飲料時，所發出的聲音會比較高。

而正是音高的些微差異，使其成為名為「熱度」的聲音調味料。

通往食物革命

聲音和味道的加乘效果所帶來的可能性令人期待，今後這樣的可能性又將會往哪個方向前進呢？

在美國和歐洲等地，不少星級主廚都已經開始嘗試，加入聲音調味料的元素，來創作新的料理。

例如這些大廚們想到，可以讓客人們選擇套餐的味道，例如要「甜一點、鹹一點」還是「溫和些、苦一些」，再配合客人的需求，運用聲音調味料來做**最後的修飾**。

聲音調味料的發現，向世人預告了一場可能發生的食物革命。

像長笛這種音高較高的聲音，就能使甜和酸兩種食物的風味突出，而低音號（Tuba）的低音聲則能使苦味更加顯著。

我們自己咀嚼食物所發出的聲音，會強化人們對酥脆的感覺；碳酸飲料如氣泡酒在倒入玻璃杯時所發出的聲音，會讓人感受到更明顯的氣泡感。聲音會影響我們的味覺，若說聲音在我們味覺中扮演了重要的角色也不為過。

在美國、英國和德國等地，企業、餐廳、食品開發商、商品開發商，甚至是醫療機構和行政機關等不同的業種，也紛紛開始投入到與聲音有關的領域。

這些機構和單位所看重的，並非只是聲音調味料所能創造出來的商業利益，**還有蘊藏在這些「辛香料」中，能夠維持、促進人體健康的有效成分。**

舉例來說，讓人們餐後那杯濃縮咖啡裡，添加的不再是砂糖而是聲音。在調整醣質和鹽的攝取量、預防肥胖，以及改善困難時期的飲食環境等領域，聲音的應用令人拭目以待。

第 9 章

聲音力量與育兒、教育

「聽音樂，真的會讓孩子變聰明嗎？」

「有人說音樂是培養美育的好方法，這個說法正確嗎？」

因為我從事有關聲音的研究，所以經常會被人問到音樂對育兒和教育是否有效果之類的問題。確實，音樂對於孩子的成長，似乎真的能發揮出正面的效果。

話雖如此，但這並不表示坊間所有關於音樂的觀點，都是正確或經由科學驗證過的。反之，也不代表我們對於音樂直覺性的認知是錯誤的。

我們已經看到，**讓孩子們聽音樂或學習演奏樂器，的確能產生不少正面的效果**。但除了「音樂」之外，我們應該對其他的聲音所具有的功效，做更進一步的認識。

本章將向各位讀者介紹聲音力量的願景，以及它能對育兒和教育帶來的效果。

不同成長階段的孩子與音樂之間的關係

首先從大家都熟悉的「音樂」開始說起。

音樂對應到孩子們不同的成長階段，會帶來不同的影響。音樂對於孩子們在知性、社會性、情感、運動、語言以及包含綜合性的識字能力上，能發揮積極的效果。

有研究結果表示，應重視家長（監護人）和孩子一起聽音樂這件事，因為這麼做可以建構孩子和家長之間的信賴關係[41]。透過和音樂之間產生互動，不但能讓孩子的正面情感和喜悅同步，還能帶給孩子超越音樂體驗以外的影響。

接著讓我們一起來認識，音樂和孩子們在不同成長階段的對應關係吧！

小嬰兒對聲音的刺激相當敏感

出生未滿六個月的小嬰兒，**擁有比成年人更為敏感的外耳道**，因此會對音樂（聲音）立即做出反應。對小嬰兒來說，不論是看到或聽到的事物都很新鮮，因此會受到來自聲音刺激帶來的諸多影響。

嬰兒和BGM

小嬰兒不懂歌詞的內容，但他們會**認識旋律**。寧靜的ＢＧＭ能穩定嬰兒的情緒，而吵雜的ＢＧＭ則會讓他們感到興奮。

當家長在為嬰兒洗澡、換尿布或沖泡牛奶時，若能哼唱些簡單又簡短的音樂，嬰兒就會認知到音樂和行為之間存在著關聯性。

舉例來說，當要幫嬰兒洗澡時，如果能用有節奏且緩慢的方式唱

「O～FURO、O～FURO」[I]（Do－｛C4｝Do｛C4｝Fa｛F4｝、Do－Do Fa）」，寶寶就會產生對這段旋律的認識。

當嬰兒發出「A－A－」或「DA－DA－」這樣的喃語時，這個時期的音樂經驗，會對他們在聲音學習上產生很大的影響。一般來說，小孩出生後的頭九個月是聲音學習的巔峰期，他們會開始去注意周遭環境中不同語言聲（speech sound）的差異[42]。

這種能區分出不同聲音的能力，日後會成為他們說話（聽、發音）的關鍵，且和出生後三十個月時所認識的語彙數量有關。

此外，這種能力對聽取母語以外的語言，或是發出R和L的音，也會產生影響。因此，我們可以說**小孩出生到滿九個月為止，這個早期的音樂**

I 「OFURO」為日語洗澡「おふろ」的發音。

體驗，能提升孩子對音樂和語言兩方面的應對能力[43]。

幼兒與節奏、歌詞

幼兒喜歡配合音樂來拍手、跳躍、行走、跑步或扭轉自己的身體。當他們再現音樂的節奏或配合節奏動起身子時，可以學習到專注在身體動作以外的事物，並與其同步。

除此之外，父母還能藉由改變部分孩子們已經聽慣的歌曲的歌詞，來和他們在遊戲中增加語彙量。例如把「瑪莉有隻小綿羊」中的綿羊，替換為「小鴨子」或「（有個）大番茄」等。

父母和孩子們一起唱歌，可以加深彼此之間的連結。

讓孩子們左右搖擺身子、走動、跑動、蹦跳、跳躍的**這類音樂，對調**

整小孩身體的平衡感、鍛鍊靈敏度，以及增加肌肉和骨頭的強度，都能有不錯的效果。

學齡前的孩子和唱歌

幼兒也喜歡不理會音樂原本的調子，享受自己唱歌的樂趣。在不斷重複相同的歌詞和旋律後，孩子們會出現用自己的節奏來歌唱的傾向。有時還會拿在幼稚園學過的童謠或動畫裡的音樂來遊戲。

家長在和孩子說話時，不妨有時試著像唱歌舞劇那樣來回應，或是在刷牙和整理東西時，搭配旋律和孩子們一起哼唱。如此一來孩子們會去模仿大人的歌唱，並以自創的歌曲來回應。

家長還可以和孩子們一起觀看YouTube上的影片，一起學習能在日常生活中使用的簡單英語並唱出聲音來。**這麼做對學習母語以外語言的聽力和發音都有幫助。**

小學生和樂器演奏

學齡期的兒童會開始出現對音樂的好惡，並開始展現出對鋼琴和小提琴等**樂器演奏或歌唱方面的興趣**。

因為演奏樂器能為孩子帶來許多正面的效果，所以建議這個時期應該讓孩子們多聽些好音樂，或找機會帶他們去聽聽現場的音樂會。當然在YouTube上，也已經有許多好聽又令人熟悉的古典樂影片了。

國中及之後的世界觀建立

當孩子升上國中後**會透過音樂來交友，並開始建構一個有別於家長和大人們的世界觀**。

中學以上的孩子會藉由提升演奏樂器的能力來和他人比較，並意識到自己的表現和自身的認同感。

小孩與聲音

接著讓我們一起來看看「聲音」和孩子們之間的關係吧！

嬰兒與白色雜訊

在前面的章節中已經提過，白色雜訊是把所有頻率的聲音加以組合後所生成的雜訊。白色雜訊因具有以下列出的這些正面效果，因此其應用備受大家期待。

● **減輕壓力：**若能掩蓋掉圍繞在嬰兒四周的聲音，就能讓他們感覺到自己待在一個安全的空間裡。

- **幫助入睡**：白色雜訊具有能幫助嬰兒早點入睡的效果。
- **穩定情緒**：因為白色雜訊和嬰兒之前待在母親子宮裡聽見的聲音相似，所以播放給正在哭泣的寶寶聽，能穩定他們的情緒。
- **改善父母的睡眠**：因為嬰兒晚上每隔幾個鐘頭就會醒來一次，所以父母常需要配合寶寶的作息，有時就算想睡也莫可奈何。這時若能借助白色雜訊的力量，不但可以幫助寶寶入睡，也能使父母容易進入夢鄉。

目前我們已經可以使用智慧型手機裡的ＡＰＰ來播放白色雜訊，而最近一些做給嬰兒玩的布偶中，也出現在填充物裡裝入能播放白色雜訊裝置的類型。

但要特別注意的是，在使用這些工具播放白色雜訊時，嬰兒和播放器之間至少要保持九十公分以上的距離，而且音量還需維持在五十分貝以下。

一些主打「讓寶寶睡個好覺」的白色雜訊播放器，其音量都在五十分貝以上，有的甚至會高達八十五分貝。在本書第七章曾說過，八十五分貝的聲音就算是對大人也可能造成聽覺上的傷害，更何況是嬰兒，因此別忘了使用能測量聲音分貝數值的ＡＰＰ來確認音量的大小。

另外有一點請讀者記住，過度依賴這些播音裝置並非好事，頂多只能將其作為輔助道具，請勿長時間使用。

此外，比白色雜訊更接近低音領域的粉紅雜訊，同樣能提供穩定的聲音，**粉紅雜訊不但對嬰兒有效，也能讓年幼的孩子睡個好覺**。

而且與其單獨使用粉紅雜訊，加入海潮聲、溪流的潺潺流水聲或是鳥兒的鳴叫聲能使效果更為顯著。

播放粉紅雜訊時和白色雜訊相同，還是要注意音量大小及播放器與人之間的距離。

靠粉紅雜訊提高注意力

「是不是聽巴哈或莫札特的音樂，會變得比較聰明啊？」

雖然我被問過類似上述的問題，然而很遺憾目前並無明確的證據支持這樣的說法。而且巴哈和莫札特的音樂，也不適合拿來作為掩蓋我們周圍多餘聲音的音樂。

這些音樂只會「附著」在既有的噪音上，造成人們心神不寧，讓注意力無法集中。

若想有效掩蓋掉周遭的聲音，進而達到提高人們的注意力或創造力的話，粉紅雜訊還是最佳的選擇。

粉紅雜訊不只對兒童有效，**還能有效提高成人的注意力**。

就連當下筆者在執筆寫作本書時，一樣會掩蓋掉出現在身邊那些非必要的聲音，同時為了讓自己能集中精神提高創造力，還會播放以粉紅雜訊為基礎，並加入穩定音高的波浪和遠方鳥鳴的聲音，有時也會使用經過設計的鳥囀聲效。

音樂教育的力量

終於來到本書最後一部分，這一節會稍微離開聲音和音樂的討論，把重點放在介紹音樂教育備受期待的未來展望。

雖然不同的孩子在成長的各個階段中會出現差異，但總體來說，學習音樂能帶來的正面效果都是顯著的。

演奏樂器能促進腦部發展，培養社會性

根據研究結果顯示，學習演奏樂器**能加快讓孩子們大腦中處理聲音、掌握語言以及專司解讀能力的部位加速成長**[44]。

美國國家衛生院（National Institutes of Health）和甘迺迪表演藝術中

心（John F. Kennedy Center for the Performing Arts）的「關於音樂與大腦的工作坊」強調，孩子如果從幼兒時期就對音樂有反應，這個經驗會對他們的語言發展帶來巨大的正面影響。此外，音樂不只能促進語言的發展，還具有提升孩子們注意力、空間認知能力以及執行力等不同能力的效果[45]。

對學習不同領域知識的孩子來說，音樂能提升他們的認知、語言和識字能力，以及掌握數字、知性發展、注意力和集中力，以至於對身體的成長和健康，都能帶來正面的效果。

演奏樂器能讓孩子們**產生成就感**，**提高他們的自尊心**。讓他們能夠克服面對困難時所產生的挫折，培養孩子們鍥而不捨的個性以及學會自律。

一項針對一百八十位八歲到十七歲的孩子，讓他們在三年間參加學習樂器演奏的計畫，結果也顯示這些孩子在①Character（性格）、

②Competence（能力）、③Caring（關懷）、④Confidence（自信）和⑤Connection（連結）這五項社會能力發展中重要的「五C」能力，都呈現正向的成長[46]。

增強邏輯思考能力，加強記憶力

演奏樂器不只要有感性，**邏輯能力**也不可或缺。

事實上有不少茱麗亞音樂學院的畢業生日後離開音樂領域，轉去學習醫學、法律，甚至進入MBA就讀或轉而研究化學、宇宙物理學的人也不在少數。此外也有些哈佛的學生會在畢業後進入茱麗亞音樂學院深造。這些現象皆顯示出，音樂和邏輯性的事物之間是存在關聯性的。

還有研究結果顯示，一個人是否接受過音樂的訓練，於**長期記憶**的表現上也會出現在統計上有意義的差異[47]。為了要演奏樂器，一個人得在同時消化許多不同資訊的過程中動起身子，而正是這個過程可以提高人們的注意力，並能夠改善閱讀文章時發生漏讀或注意力不集中的問題[48]。

音樂是複合式的認知活動

為什麼音樂教育能帶來這麼多好處呢？

我認為這是因為人們從事的音樂活動（例如演奏樂器）中，實際上**包含了許多認知性的任務**。

筆者的研究室已經開發出一套把音程（Interval）和語言結合在一起的訓練模式，目前正在確認其效果。

這個訓練模式首先會讓孩子們看圖片（請參考下一頁），然後再問他們看到了什麼。

接著我們會讓孩子看五線譜，五線譜裡有和剛剛他們看過的圖片中相

結合音程和語言的綜合訓練

EGG

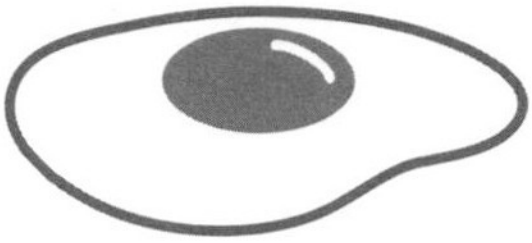

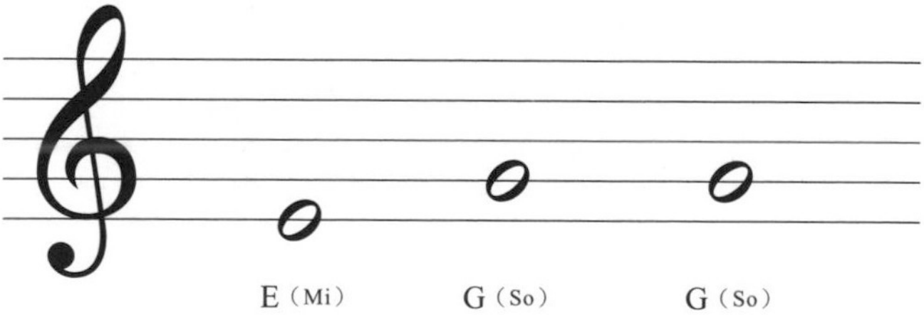

對應的音符。因為在英、美兩國，音符以「C（Do）、D（Re）、E（Mi）、F（Fa）、G（So）、A（Ra）、B（Si）」來表示，所以只要是以這七個字母所組成的單字，就能夠用音程來表示。例如「蛋」就是「EGG（＝MiSoSo）」。

透過這樣的訓練，孩子們可以學習把音程和英文字母結合在一起，並且聽出旋律中是否有EGG的聲音。

這樣的作法就是把音程和

音符的名稱，以及英文單字的拼法及旋律結合在一起，來讓孩子們記憶。

透過這種方式來學習的孩子，在語言學習中除了聽力方面出現了進步，口語表達也表現得很流利。

雖然僅限於由這七個英文字母所組成的單字，但我想大家都能了解，這會對孩子們在**語言處理和認知能力**上，發揮出多大的正面影響力。

音樂的數學特性

最後還要與各位談談**音樂中的數學特性**。

舉例來說，為了要理解音符，我們得先對數學有一定的認知。

像全音符（Whole）的二分之一為二分音符（Half），二分音符的一半為四分音符（Quarter）。

孩子們透過演奏樂器，可以學習到把「Quarter（四分之一）」和「Quarter（四分之一）」相加後得到「Half（二分之一）」；把「Half（二分之一）」和「Half（二分之一）」加在一起後，會成為「Whole（一）」（見二四四頁）。

進一步來說，想完整演奏一首曲子，需要把許多音符連結在一起，而且是連續好幾個小節。如此一來當孩子們在重複練習演奏時，自然會提升對於數學的理解能力[49]。

除了上述內容之外，音樂中其實還有不少與數學有關的地方。

像這樣透過學習音樂來刺激大腦不同區域，對於孩子的成長能帶來許多正面的效果。

音樂是一種能促進孩子們腦部發育的一種普遍藝術形式，若本書的內容可以使家長或與音樂相關（以及非相關）的教師能有所啟發，將是我的榮幸。

透過數學來認識音符

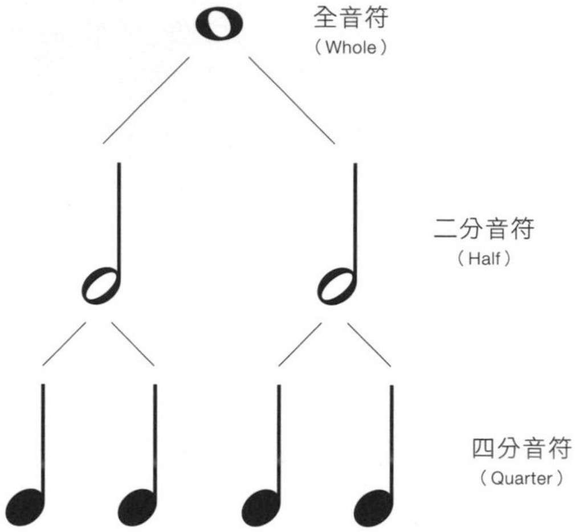
全音符
（Whole）
二分音符
（Half）
四分音符
（Quarter）

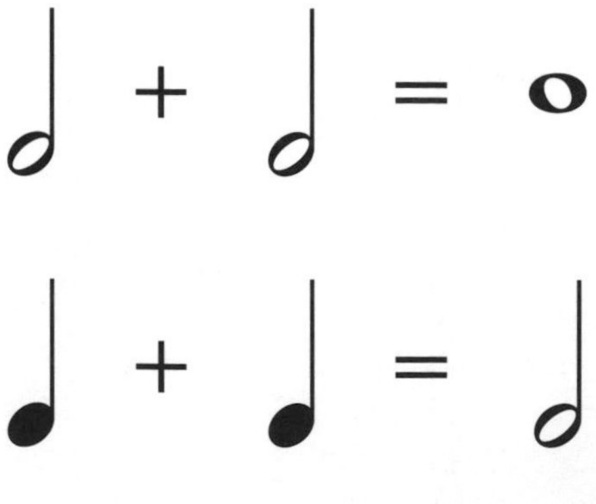

結語

天下沒有不散的宴席，終於來到結語了。在一次偶然的機會中，我談到自己在紐約所做的事，以及關於聲音和市場行銷、打造品牌的話題，結果在不知不覺中，《聽著聽著就買了》這首樂曲的前奏竟然就開始演奏起來了。

在那次談話中，傾聽我「聲音」（談話內容）的小宮一慶先生，給予我完成《聽著聽著就買了》這首曲子的機會，這裡我要再次誠心誠意地向小宮先生致謝。

到現在我仍清楚記得第一次造訪日本Discover 21出版社[1]和干場弓子社長見面的那一天，干場社長說的話以及她的聲音與節奏，是多麼地使我雀躍不已。雖然我倆是用日語對話，但從正面的意義上來說，卻讓我感受到像自己在紐約開會時的緊張，使我對干場社長留下深刻的印象。我在讀了Discover 21出版社官網上社長的話後，發現有兩個句子讓我的情緒更加高揚。

其一是「只要改變視點，就能改變未來」。

不論是司空見慣的日常生活、商業活動或是自己的行為和情感，我們無不深受來自聲音的巨大影響。我希望藉由拙作幫各位讀者改變既有的視點，為大家創造一個重視從耳朵接收到的訊息及其優位性的機會。如果本書真的能達成上述目標，那麼改變未來的可能性也就越大。

其二是「不要拘泥於紙張、日語以及文字」。

聲音並非日語或任何一種語言，在這個世界上，我們隨處都可聽見相同的聲音，例如人們在紐約聽到的雨聲，和在東京聽到的並無二致。聲音並非只像古典樂或流行樂那樣，是受到特定類型所侷限的音樂，當人們以某種目的和觀念來創作聲音時，借用干場社長的話來說，就是透過聲音來傳達「有提案價值的表現形式」。

I Discover 21為發行本書原書的日本出版社。

這兩句話是我強大的精神支柱，它們讓我歡喜地接受Discover 21的出版邀約，開始執筆寫作。在此我要向催生出本書並給予我這個機會的干場社長，致上最誠摯的謝意。

這本書在寫作過程中還得感謝索菲的幫忙，我倆長期在研究室裡一起工作，她的辦事效率超群令人欣賞。

我的朋友且本身也是作家的富永明子，從我開始動筆之前，就會興致勃勃地聽我講述書中的內容，並給予寫作上懇切的建議。她的支持無論從友人或專業的角度來說，都對本書的寫作產生很大的影響，在此一併致上真心的感謝。

在「日本茶道中的聲景款待」這篇專欄中，茶事的用語和流程，以及存在於其中的聲音等，都有賴於茶道裏千家養和會的味岡宗靖先生爽快地接下監修一職，為內容把關。正因有他細緻的建議，本書才能真實地呈現出茶道這項和式款待中的聲景表現，感謝味岡先生的付出。另外在執筆寫作的過程中，我回憶起鹽月彌榮子女士（味岡先生的祖母）過去對我的指導和她的聲音。這件事讓我再次體會到，比才（Bizet）創作的歌劇《採珠者》中，「你的聲音留在我的耳邊」這句台詞所表達的意境，一個人的聲音就算經過了歲月的洗禮，甚至再也無法實際聽到了，我們還是可以從過去出現在其周邊的聲音或從自己的記憶中，重新讓它甦醒過來。

藤野能成牙醫師負責檢查本書內容中，有關日本齒科醫療及器材的日語名稱是否正確並給予建議，以及西靖雄律師對本書中法律相關的內容所做的確認和建議，在此一併致上感謝之意。

本書原書的責任編輯是Discover 21出版社的堀部直人先生，每次我把完成的原稿送過去時，都會和他簡單地聊天交流一下。每當我的進度停滯不前或向他提出關於內容和想法之類的各式問題時，堀部編輯總是能給予精準的答覆，因為有他貼心的支持，我才能安心地寫作。

在完稿之後某次閒談中，我對堀部編輯說「製作書籍和音樂家演奏樂曲很像」，聽了我的話他回覆：「我認為編輯就像樂團的指揮，手握指揮棒賣力地演出，為的是能讓一本書表現的像一個有默契的管弦樂團，一想到此我就會更加謹慎地來面對這份工作」。

聽到堀部編輯這番話我真的很高興，也覺得自己的書能由他來負責實在是太幸運了。在此我要向堀部編輯說聲謝謝。

當然我也要感謝Discover 21出版社的每一位夥伴。

接著我還要向親愛的家人致謝，當我每天埋頭寫作時，是他們給予我溫暖的支持與鼓勵。

最後，我對「聲音」的熱情之所以能持續至今，都得歸功於恩師R.

Abramson博士對我在這個領域中的啟迪，雖然「聲音的探索是一場沒有終點的旅程」這句話，我不知道已經從他口中聽過了多少次，但這句話對我來說依然擲地有聲。我堅信自己對於聲音的探索之路，仍將繼續走下去。

衷心感謝老師的教誨。

參考資料

1 Kemp, B.J.（1973）. Reaction Time of Young and Elderly Subjects in Relation to Perceptual Deprivation and Signal-on Versus Signal-off Condition, Developmental Psychology, Vol. 8, No. 2, pp. 268-272.

2 Milliman, R.E（. 1982）. Using Background Music to Affect the Behavior of Supermarket Shoppers. Journal of Marketing. 46（3）. pp.86-91.

3 COSTA, M., BITTI, P.E.R., and BONFIGLIOLI, L.（ 2000）. Psychological Connotations of Harmonic Musical Intervals, Psychology of Music, © 2000 by the Society for Research in 2000, 28, 4-22 Psychology of Music and Music Education.

4 Zee, C.P., et al.,（2017）. Acoustic enhancement of sleep slow oscillations and concomitant memory improvement in older adults.

5 Kaymak, E., and Atherton, M.,（2007）. Dental Drill Noise Reduction Using a Combination of Active Noise Control, Passive Noise Control and Adaptive Filtering.

6 Milliman, E.R.,（1986）. The Influence of Background Music on the Behavior of Restaurant Patrons. Journal of Consumer Research, Vol.13, No.2.

7 Yalch, R.F. and Spangenberg, E.R.（2000）. The Effects of Music in a Retail Setting on Real and Perceived Shopping Times. Journal of Business Research. 49（2）. pp.139-147.

8 North, A.C., Hargreaves, D.J. and McKendrick, J.（1999）. The effect of in-store music on wine selections. Journal of Applied Psychology. 84（2）. pp.271-276.

9 Areni, C.S. and Kim, D.（1993）. The influence of background music on shopping behavior: classical versus top-forty music in a wine store. Advances in Consumer Research. 20. pp.336-340.

10 Jacob, C., Guéguen, N., Boulbry, G. and Sami, S.（2009）. 'Love is in the air': congruence between background music and goods in a florist. International Review of Retail, Distribution and Consumer Research. 19（1）. pp.75-79.

11 Brown, S., and Volgsten, U. (, 2006) . Music and Manipulation: On the social uses and social control of music.

12 Levitin, J.D. (, 2006) . This is your brain music: The science of a human obsession.

13 Minsky, L. and Fahey, C., (2014) . What Does Your Brand Sound Like? Harvard Business Review.

14 (2017) . How brands make you feel. www.dashboad.askattest.com

15 Perez, S., (2018) . Voice shopping estimated to hit $40 + billion across U.S. and U.K. by 2022.

16 Mayew, J.W., et al., (2013) . Voice pitch and the labor market success of male chief executive officers. Evolution and Human Behavior 34 (2013) 243-248.

17 Zagat Releases 2018 Dining Trends Survey., (2018) . https://zagat.googleblog. com/2018/01/zagat-releases-2018-dining-trends-survey.html

18 Gueguen, N., et al., (2008) . Sound level of environmental music and drinking behavior : a field experiment with beer drinkers.

19 WHO. https://www.WHO.int/quantifying_ehimpacts/publications/en/ebd9.pdf

20 Steelcase. (, 2014) . The Privacy Crisis. Taking a toll on Employee Engagement.

21 Haapakangas, A., Haka, M., Keskinen, and E., Hongisto, V., (2008) . Effect of Speech Intelligibility on task performance an experimental laboratory study.

22 Ophir, E., Nass, C., and Wagner, D.A., (2009) . Cognitive control in media multitaskers.

23 Banbury, S., and Berry, D.C. (, 2011) . Disruption of office-related tasks by speech and office noise.

24 Evans, G.W., et al. (, 2000) . Stress and open-office noise.

25 Spreng, M. (, 2000) . Possible health effects of noise induced cortisol increase.

26 Kim, J.,（2013）. Workspace satisfaction: The privacy-communication trade-off in open-plan offices. Journal of Environmental Psychology. Vol.36, pp18-26.

27 （2018）. WHO Environmental Noise Guidelines for the European Region. http://www.euro.WHO.int/__data/assets/pdf_file/0008/383921/noise-guidelines-eng.pdf

28 環境省. https://www.env.go.jp/kijun/oto1-1.html

29 U.S. Environmental Protection Agency. https://www.epa.gov/

30 MTA. New York City Transit Noise Reduction Report. http://web.mta.info/nyct/facts/noise_reduction.htm

31 Abbasi, M.A., et al.,（2018）. Study of the physiological and mental health effects caused by exposure to low-frequency noise in a simulated control room.

32 Fisher, S.,（1983）. "Pessimistic noise effects": the perception of reaction times in noise. Can J Psychol, 37, pp258-271.

33 Spence, C.（, 2014）. Airplane Noise and the Taste of Umami.

34 Yan, K.S., Dando R.,（ 2015）. A crossmodal role for audition in taste perception. Journal of Experimental Psychology. Human Perception and Performance.

35 Ozcan, H.K., and Nemlioglu S（. 2006）. IN-CABIN NOISE LEVELS DURING COMMERCIAL AIRCRAFT FLIGHTS, Canadian Acoustics, Vol.34, No.4

36 Carvalho, R.F., and Spence, C.,（2017）. "Smooth operator": Music modulates the perceived creaminess, sweetness, and bitterness of chocolate. Appetite Vol.108, pp.383-390.

37 Woods, A.T., et al.,（2010）. Effect of background noise on food perception. Food Quality and Preference22（2011）. pp.42-47.

38 Zampini, M., and Spence, C.,（2005）. The Role of Auditory Cues in Modulating The Perceived Crispness and Staleness of Potato Chips.

39 Leuven, K.U., et al., (2016). Tune That Beer! Listening for the Pitch of Beer. Food Quality and Preference 53 (2016). pp.132-142

40 Montes, A., et al., (2008). Study shows music can enhance wine's taste. Wine and Spirit.

41 Wallace, D.S., and Harwood, J., (2018). Associations between shared musical engagement and parent-child relational quality: The mediating roles of interpersonal coordination and empathy.

42 Kuhl, P., Stevens, E., Hayashi, A., Deguchi, T., Kiritani, S., and Iverson, P., (2006). Infants show a faciliation effect for native language phonetic perception between 6 and 12 months.

43 Zhao, T.Christina., and Kuhl, P., (2016). Musical intervention enhances infants' neural processing of temporal structure in music and speech.

44 Habibi, A., Cahn, R.B., Damasio, A., and Damasio, H., (2016). Neural Correlates of Accelerated Auditory Processing in Children Engaged in Music Training.

45 (2018). NIH / Kennedy center workshop on music and the brain: Finding harmony.

46 Hospital, M.M., Morris, S.L., Wagner, F.E., and Wales, E., (2019). Music education as a path to positive youth development: An El Sistema - Inspired program.

47 Groussard, M., et al., (2010). When music and long-term memory interact: Effects of musical expertise on functional and structural plasticity in the hippocampus.

48 Riby, L.M. (, 2013). The joys of spring.

49 Nan, B., and Carol, A.C., (2000). Inter-domain transfer between mathematical skills and musicianship.

聽著聽著就買了

迪士尼、英特爾…頂尖企業都在用的成功聲音行銷術

作　　者：MITAYLOR 千穗
譯　　者：林巍翰
責任編輯：李彥柔
行銷企畫：辛政遠、楊惠潔
封面設計：任宥騰
內頁設計：家思編輯排版工作室
總 編 輯：姚蜀芸
副 社 長：黃錫鉉
總 經 理：吳濱伶
發 行 人：何飛鵬
出　　版：創意市集
發　　行：英屬蓋曼群島商家庭傳媒股份有限公司城邦分公司
香港發行所：城邦（香港）出版集團有限公司
香港灣仔駱克道193號東超商業中心1樓
電話：(852) 25086231
傳真：(852) 25789337
E-mail：hkcite@biznetvigator.com
馬新發行所：城邦（馬新）出版集團
Cite (M) Sdn Bhd
41, Jalan Radin Anum, Bandar Baru Sri Petaling,
57000 Kuala Lumpur, Malaysia.
電話：(603) 90578822
傳真：(603) 90576622
E-mail：cite@cite.com.my
展售門市：台北市民生東路二段141號7樓
製版印刷：凱林彩印股份有限公司
初版一刷：2021年05月
I S B N：978-986-5534-56-1
定　　價：380元

聽著聽著就買了：迪士尼、英特爾…頂尖企業都在用的成功聲音行銷術 / MITAYLOR 千穗作. -- 初版. -- 臺北市：創意市集出版：英屬蓋曼群島商家庭傳媒股份有限公司城邦分公司發行, 2021.05
面；　公分
譯自：サウンドパワー：わたしたちは、いつのまにか「音」に誘導されている!?
ISBN 978-986-5534-56-1（平裝）
1. 聲音
334　　110004499

若書籍外觀有破損、缺頁、裝訂錯誤等不完整現象，想要換書、退書，或您有大量購書的需求服務，都請與客服中心聯繫。

客戶服務中心
地址：10483 台北市中山區民生東路二段 141 號 B1
服務電話：（02）2500-7718、（02）2500-7719
服務時間：週一至週五 9：30～18：00
24 小時傳真專線：（02）2500-1990～3
E-mail：service@readingclub.com.tw